Die Mineralgerbung

Die Lederfabrikation

Praktische Handbücher
für die gesamte Lederindustrie

von

Joseph Borgman
weiland Fabrikdirektor und Lehrer an der Deutschen Gerberschule zu Freiberg i. Sa.

und

Oskar Krahner
Direktor und Redakteur der Deutschen Gerberzeitung Berlin

und

Dr. Hans Friedenthal
ausserordentlicher Professor für Physiologie an der Universität Berlin

I. Teil: Die Unterlederfabrikation
II. Teil: Die Oberlederfabrikation
III. Teil: Die Feinlederfabrikation
IV. Teil: Die Chromgerbung
V. Teil: Die Mineralgerbung

Berlin W.
Verlag von M. Krayn

Die Mineralgerbung

Die Herstellung von mineralgegerbtem Leder für alle Lederarten von der Rohhaut bis zum fertigen Produkt

Praktisches Handbuch

für die gesamte Lederindustrie insbesondere für Gerber, Lederfärber und Lederzurichter

von

Prof. Dr. Hans Friedenthal

ausserordentlicher Professor für Physiologie
an der Universität Berlin

Mit 37 Abbildungen

Berlin W.
Verlag von M. Krayn
1925

VORWORT

Die Mineralgerbung des Leders kann zwar auf ein mehrtausendjähriges Alter hinweisen, ist aber doch wohl jünger als die Fettgerbung oder Sämischgerbung und auch als die Gerbung mit Pflanzengerbstoffen. In den letzten Jahrzehnten hat sich bei dem Übergang der Gerberei vom Handwerk zur Großindustrie die Mineralgerbung derart vervollkommnet, daß der allergrößte Teil des Leders, mehr als 70%, jetzt mit Hilfe von Mineralstoffen gegerbt wird, während die Lohgerberei immer mehr in den Hintergrund gedrängt wird. Im Interesse der Erhaltung unseres Baumbestandes muß der Übergang der Ledergroßindustrie zur Mineralgerbung freudig begrußt werden, denn es fielen immer steigende Mengen von Bäumen der Gerbstoffgewinnung zum Opfer, seit man gelernt hatte, aus den Hölzern der Stämme nicht bloß aus Rinden, Wurzeln, Blättern und Zweigen durch Auslaugen alle Gerbstoffe zu gewinnen. Riesige Waldungen von Edelkastanien, von Eichen und von tropischen Gerbhölzern lieferten den Gerbstoff an die immer größere Gerbstoffmengen bewältigenden Großgerbereien. Die fur die Mineralgerbung in Betracht kommenden Stoffe und Elemente finden sich in solcher Menge an der Erdoberfläche in leicht gewinnbarer Form, daß für lange Zeiträume kein Mangel an irgend einem mineralischen Gerbstoff zu befürchten ist, selbst wenn sich der Verbrauch in ausgedehntem Maße steigern würde. Seit die Mineralgerbung auch die Verwendung der bisher unbenutzbaren Abraumsalze der Meersalzablagerungen namentlich die Verwendung der Magnesiumsalze in ihren Verwendungsbereich gezogen hat, ist die Möglichkeit gegeben, die Kosten der Gerbung, welche allerdings nur einen Teil der Kosten der Lederherstellung ausmachen, erheblich herabzusetzen. Für die Wahl des Gerbemittels darf freilich durchaus nicht die Billigkeit, sondern muß die Güte des erzeugten

Leders den Ausschlag geben. In bezug auf die Brauchbarkeit des Leders in dessen verschiedenste Anwendungen steht heute die Mineralgerbung an erster Stelle, und es wird den dem Pflanzenreich entnommenen Gerbstoffen nicht möglich sein, die verlorenen Posten wieder zu erobern. Ob die Herstellung kunstlicher organischer Gerbstoffe eine größere Ausdehnung gewinnen wird als heute, wo nur ein ganz geringer Bruchteil des erzeugten Leders auf die Verwendung synthetischer organischer Gerbstoffe entfällt, bleibt abzuwarten. In Kombination mit Mineralgerbung ist diesem Zweige der Gerberei die Möglichkeit der Ausbreitung mit Vervollkommnung gegeben, während die alleinige Verwendung synthetischer organischer Gerbstoffe bisher nicht ein in Betracht kommendes Anwendungsgebiet sich zu verschaffen wußte. Weil das Handbuch der Lederfabrikation zunachst auf 5 Bande vermehrt wurde, konnten einige Verfahren aufgenommen werden, welche in den ersten Bänden fehlten. Den Beziehern des vollständigen Handbuches wird eine solche Ergänzung des Inhaltes voraussichtlich willkommen sein.

Die deutsche Gerberindustrie wird in den nächsten Jahren mit großen wirtschaftlichen Erschwerungen und Hindernissen zu kampfen haben, namentlich bezüglich der Beschaffung der Rohmaterialien, der Häute sowohl wie der Gerbstoffe; um so wichtiger erscheint die wissenschaftliche Ausarbeitung der Gerbeprozesse, wie sie in Deutschland mit Erfolg von verschiedenen Forschern und vom Staate unterstützten Forschungsinstituten in Angriff genommen worden ist und die Verwendung erstklassigen Lehrmateriales bei der Ausbildung der in der Gerbindustrie Beschäftigten.

Der Herausgeber hofft, daß das nunmehr fertig vorliegende erste größere Handbuch der gesamten Lederindustrie durch seine in der Praxis erprobten Rezepte und Gerbevorschriften dazu beitragen wird, die Industrie der Lederfabrikation, die im Welthandel bereits an sechste Stelle gerückt ist, in ihrem schweren Konkurrenzkampfe zu unterstützen.

Charlottenburg, Sommer 1924.

Professor Dr. Hans Friedenthal

INHALTSVERZEICHNIS

EINLEITUNG.

In der Chemie der Lederbereitung, der Gerbereichemie, arbeiten zwei wissenschaftliche Richtungen mit Erfolg an der wissenschaftlichen Aufhellung der früher instinktiv und empirisch betriebenen Lederbereitungsmethoden, nämlich die chemische Richtung und die physikalisch chemische Richtung. Leder ist keine chemisch zu definierende Verbindung, sondern jede auf irgendeine Weise fäulnisunfähig gemachte tierische Haut, deren sämtliche Kolloide in den Gelzustand übergeführt worden sind bei Erhaltung von Biegungselastizität, kann als Leder bezeichnet werden. Die tierische Haut ist ein Organ von äußerst verwickeltem feinerem Bau der Gewebebestandteile. Sie enthält in der Unterhaut, sogenannten Lederhaut, welche vor allem für die Lederbereitung in Betracht kommt, Blutgefäße, Lymphgefäße und Gewebsspalten, Nerven, marklose und markhaltige und Nervenendorgane, elastisches und leimgebendes Gewebe, Haarwurzeln und Haarschäfte, Bindegewebe und Fettgewebe. In chemischer Aufzählung enthält die Haut an kolloiden Stoffen Kernstoffe, Fettstoffe, Kohlenhydrate, Eiweißkörper und deren Umwandlungsprodukt, sowie die Albuminoide oder eiweißähnlichen Substanzen, zu denen auch das leimgebende Gewebe gehört. Von allen diesen Kolloiden berücksichtigt die Gerbereichemie in der Hauptsache das in ganz überwiegender Menge vertretene leimgebende Gewebe, das Kollagen. Die Aschebestandteile, sowie alle wasserlöslichen Bausteine der Haut kommen für die heutige Gerbereichemie ebensowenig in Betracht wie die kolloidalen Kohlenhydrate, Kernstoffe und eigentlichen Eiweißkörper. Gerbereichemie ist letzten Endes die Chemie einer einzigen kolloidalen Substanz des Kollagens. Diese Vereinfachung des chemischen Problems legt die Verpflichtung auf uns, die chemische Erforschung des

Leimmoleküls, welche noch nicht durchgeführt ist, in den Vordergrund zu stellen. Die chemische und physikalisch chemische Kenntnis des Kollagenmoleküls bedeutet die Lösung der gerbereichemischen Probleme. Anscheinend rein physikalische Gerbemethoden, wie gründliches Kauen und Walken der Häute finden bei Berücksichtigung der physikalischen Chemie des Kollagens ihre Erklärung, so daß wir sagen können, daß nur chemische und physikalisch-chemische Prozesse bei der heutigen Lederbereitung eine Rolle spielen. Die Einlagerung von Stoffen in die Lederhaut zwischen die Kollagenfasern, häufig von grob mechanischen Eingriffen unterstützt, die für die Beschaffenheit des Leders von der größten Bedeutung sich erwiesen, erschwert die Hauptaufgabe, die systematische Erforschung des Kollagens in chemischer wie physikalisch-chemischer Beziehung.

Während lange Jahre hindurch die Erforschung der Konstitution des Leim-Moleküls keine allzu erheblichen Fortschritte zu verzeichnen hatte, haben in der letzten Zeit eine ganze Reihe von Gerberei-Chemikern sich erfolgreich um eine Aufhellung dieses wichtigen Problems der Gerberei-Chemie bemüht. In einem zusammenfassenden Vortrag berichtete O. Gerngroß vor dem internationalen Verein der Lederindustrie-Chemiker in Dresden 1924 über Fortschritte und neuere Anschauungen auf dem Gebiete von Leim und Gelatine. Diese im „Collegium" abgedruckte Arbeit soll bei Besprechung der Zusammensetzung des Leimes als Grundlage dienen fur eine Übersicht über die modernen Probleme der Leimforschung[1]).

Während bereits die alten Ägypter vor 3300 Jahren den Gebrauch des Leimes kannten, hat man erst nach dem Jahre 1814 angefangen, Knochenleim zu bereiten. Gerngroß weist für die Interessenten der Leimbereitung auf das Buch von Procter hin: „The Principles of Leather Manufacture", London 1922, und auf die neueren Verfahren, welche vor allem dahin abzielen, das lästige Trocknen der Gallerten in Trockenkanalen zu vereinfachen, oder zu umgehen.

Man kann Leimpulver herstellen mittels Trommeln, an welchen eine dünne Leimschicht in der Kälte in luftleerem

[1]) Ich verdanke der Freundlichkeit von Prof Stiasny den Hinweis auf diese wichtige im Collegium 1924 abgedruckte Arbeit.

Raum getrocknet wird, oder auch ein Zerstäubungsverfahren benutzen, durch welches Leim- und Gelatinebrühen sich fast augenblicklich trocknen lassen. Es ist auch trocknen auf Trockenwalzen vorgeschlagen worden, nachdem die Leimbrühe durch Schlagen und Rühren in eine mit Luftbläschen durchsetzte Masse verwandelt worden ist. Die Aktien-Gesellschaft H. Scheidemantel in Berlin stellt Perlenleim und Perlen-Gelatine her, die durch feine Öffnungen in gekühltes Benzin oder Tetrachlorkohlenstoff geleitet wird, wodurch sich die Gallerte in Kügelchen oder Perlen absetzt, die sich leicht trocknen lassen.

Inwieweit sich Kollagen von der Leimsubstanz chemisch und physikalisch unterscheidet, ist bisher nicht einwandfrei sicherzustellen gewesen. Während Versuche darauf hinweisen, daß Kollagen ein inneres Anhydrid der Gelatine sei, welches durch scharfes Trocknen wieder unlöslich wie Kollagen wird und sich nur allmählich durch Quellmittel und warmes Wasser in Leim zurückverwandeln läßt, sprechen andrerseits chemische Versuche dafür, daß der eigentliche Molekularkern beim Erhitzen nicht erheblich angegriffen zu werden braucht und wir daher statt der Hydridbildung auch an eine nur physikalische Verkleinerung der Teilchengröße bei der Umwandlung von Kollagen in Leim denken können.

Stiasny machte darauf aufmerksam, daß das Salzsäurebindungsvermögen von Gelatine und tierischer Blöße fast vollkommen miteinander übereinstimmen und daß auch der isoelektrische Punkt, d. h. der Zustand, in welchem basische und Säure-Dissoziation des amphoteren Kollagenmoleküls gleich groß sind, bei Übergang von Kollagen in Leim sich nicht wesentlich verschiebt. Jedenfalls sind weitere experimentelle Versuche in der Frage des Unterschiedes von Kollagen und Leim noch erforderlich, bei denen auf das Verhalten der Seitenketten, von denen später noch ausführlicher die Rede sein wird, besonders geachtet werden sollte.

Während man früher annahm, daß in dem Leimmolekül Cystin, Tyrosin und Tryptophan nur als Verunreinigungen vorkämen, hat Dakin Ergebnisse von energischer Hydrolyse des Leimes veröffentlicht im: Journ. Biol. Chem. 44, 524 (1920), bei der er bis zu 91,3 % des genannten Stickstoffgehalts der Gelatine in bekannten Aminosäuren wiedergefunden hat, während früher noch nicht einmal 50 % an definierten Stoffen isoliert werden konnten. Die Autoren D. D. van Slyke und A. Hiller berichten im „Collegium" 1922 I, Seite 412, von der Auffindung eines neuen basischen Bausteines des Leimes, der allerdings noch nicht in kristallinischer Form dargestellt werden konnte. Wir müssen erwarten, bei der Hydrolyse des Leimes, wenn sie vollständig wäre, nicht 100 %, sondern etwa 115 % des Ausgangsmaterials wiederzufinden, da ja das eintretende Wasser zu dem Gewicht der Ursprungssubstanz hinzukommen muß. Der Aminosäuregehalt der Gelatine nach Dakin beträgt für:

Glykokol 25,4 %,	Alanin 8,7 %,
Leucin 0,4 %,	Asparaginsäure 3,4 %,
Glutaminsäure 5,8 %,	Phenylalanin 1,4 %,
Thyrosin 0,01 %,	Prolin 9,5 %,
Oxyprolin 14,1 %,	Histidin 0,9 %,
Arginin 8,2 %,	Lysin 5,9 %.
Ammoniak 0,4 %,	

Zu diesen Analysenzahlen möchte Verfasser bemerken, daß er Thyrosin und Ammoniak und vielleicht auch Hystidin und Phenylalanin zunächst noch als Verunreinigungen der Gelatine mit Resten von Eiweißstoffen betrachten möchte, bis weitere Bestätigungen diese Stoffe als ständige Bausteine des Leimes sicher nachgewiesen haben werden.

Gerngroß weist in seinem Vortrag darauf hin, daß man gut tut, zwischen Molekular-Gewicht und Molekular-Aggregatgewicht zu unterscheiden. Zahlreiche Autoren fanden, daß ein Mol Salzsäure durch etwa 850 bis 1100 g Leim gebunden werden kann, und Pahl fand mit der Methode der Siedepunktserhöhung einen ganz ähnlichen Wert. Trotzdem möchte Verfasser es ablehnen, das Salzsäurebindungsvermögen und das Molekulargewicht unmittelbar miteinander zu vergleichen, besonders da gereinigte Gelatinelösungen nach Bilz einen osmothischen Druck zeigen sollen, der darauf hinweist, daß das Molekulargewicht der Gelatine mit 30000 anzusehen ist, während man hätte erwarten müssen, daß Siedepunktserhöhung und direkte Bestimmung des osmothischen Druckes die gleichen Molekularzahlen ergeben würden. R. Windgen und H. Löwenthal berichten in der „Kolloid-Zeitschrift" 34, S. 292 (1924), daß Chromoxydsole mit Gelatinelösung im Maximalfällungspunkte solche, im Wasser unlösliche Fällungen ergeben, daß ein Molekül Chromoxyd 30 000 g Gelatine zu fällen imstande ist. Forscher, welche ein Molekulargewicht von rund 850 annehmen, glauben, daß eine Zerteilung der Gelatineteilchen durch Siedepunktserhöhung und Salzsäure vorgenommen wird. Auch Abderhalden glaubt, daß die Salzsäure imstande ist — „Nebenvalenzen“, welche Komplexe zusammenhalten — abzusättigen, und damit eine Verkleinerung der Teilchengröße zu bewirken.

Stiasny hat bereits im Jahre 1920 die Auffassung vertreten, daß das Kollagen eine Zusammenlagerung von Polypeptidmizellen sei, die durch Nebenvalenzen zusammengehalten seien: denn ein so niedriges Molekulargewicht wie 900 stünde im Widerspruch mit den quantitativen Ergebnissen der hydrolytischen Spaltung des Leimes. Wenn man annimmt, daß mehrere Moleküle Glykokoll im Leim vorhanden sein müssen nach dem prozentischen Anteil dieses kleinen Molekularstoffes, so würde sich ergeben, daß das Minimum des Molekulargewichts der Gelatine auf weit über 10 000 geschätzt werden muß. Abderhalden hilft sich bei diesen offenbaren Widersprüchen durch die Annahme, daß die einzelnen Teilchen nicht die gleiche chemische Zusammensetzung zu haben brauchen bei einem mittleren Molekulargewicht von 900 und daß etwa 33 solcher Elementarkomplexe ein Gesamtleimmolekül zusammensetzen. Die Röntgenaufnahmen von Gelatine haben bisher keine Interferenzen ergeben und daher zur Aufklärung der Konstitution des Leimmoleküls nichts beitragen können. Verfasser möchte glauben, daß es am vorsichtigsten wäre vorläufig die feinere Struktur des Leimmoleküls als noch unbekannt anzusehen und die quantitative Zusammensetzung aus den einzelnen Aminosäuren als ebenfalls noch teilweise unbekannt zu betrachten. Er glaubt nun, daß durch eine systematische Erforschung des rein chemischen Baues des Leimes auf Grund seiner Seitenketten am ehesten Aufklärung in den fraglichen Punkten genommen werden könnte bei steter Kontrolle der erhaltenen Ergebnisse mit allen physikalischen Methoden, von denen verlangt werden muß, daß sie in sich und mit der chemischen Methode übereinstimmende Ergebnisse erzielen lassen. Erst dann wird man die Frage nach der Zusammensetzung des Leimmoleküls als einigermaßen gelöst betrachten, während es heute selbst bei Zuhilfenahme noch so komplizierter Annahmen nicht gelingen will, ein befriedigendes chemisches Bild zu erhalten. Zur Erleichterung der chemischen Forschung mag es dienen, wenn man sich, wie es in der Textabbildung eins und zwei gezeigt wird, nach der alten Fischerschen Anschauung von dem Bestehen langer Peptidketten, die tatsächlich gefundenen Spaltungsprodukte in einer Reihe mit Peptidbindung zusammenstellt, und nun das Verhalten der Leimmoleküle nachprüft, mit dem Verhalten von Stoffen, welche die dargestellten Seitenketten enthalten müssen. Wir dürfen nicht annehmen, daß die einzelnen Spaltungsprodukte in jedem Molekül nur einmal vorkommen werden. Wieviel mehr von jedem Bestandteil aber darin enthalten sind, darüber würde eine genaue Analyse durch ihre Prozentzahlen Aufschluß geben müssen. Erst wenn diese schwierige Arbeit geleistet ist, was heute auch nach den Dakinschen Versuchen noch keineswegs der Fall ist, werden wir dazu übergehen können, von der rein chemischen Betrachtung zur physikalisch-chemischen Betrachtung des Leimmoleküls überzugehen, um festzustellen, ob eine Übereinstimmung zwischen Erwartetem und Beobachtetem besteht, bei genauer Kenntnis des chemischen Baues sowohl wie der Ergebnisse physikalischer und physikalisch-chemischer Versuche.

In der Histologie der Haut, der Wissenschaft, welche sich mit der Erforschung der feineren Struktur der Haut mit Hilfe des Mikroskopes befaßt, sind in den zahlreichen Fixationsmethoden und Färbemethoden der Lederhaut wertvolle Winke und Erfahrungen für den Gerbereichemiker aufgesammelt, welche noch der gerbereichemischen Aufarbeitung harren. Wie innig Gerben und Färben in ihrem wissenschaftlichen Kerne zusammenhängen müssen ergibt sich schon allein aus der chemischen Ähnlichkeit von Haarsubstanz, welche für Wollfärberei und von leimgebender Substanz, welche für die Gerbereichemie in Betracht kommt. Wollefärben und Lederfärben, ja auch Leder aus Haut bereiten erfordert in gleicher Weise chemische wie physikalisch-chemische Kenntnisse der Eiweißumwandlungsprodukte, denn sowohl die Haarsubstanz, also die Wolle, wie das leimgebende Gewebe, das Kollagen, entstehen im lebenden Gewebe der lebenden Haut, durch chemische, nicht bloß durch physikalisch-chemische Umwandlung der eigentlichen Eiweißkörper, welche den Hauptbestandteil und den für uns wesentlichen Bestandteil der jugendlichen Zellen bilden, aus denen Haare und Lederhautfasern sich bilden. Der prinzipielle Bau der Eiweißmoleküle, aufgeklärt durch die berühmten Arbeiten von Emil Fischer und seinen Mitarbeitern, wird uns helfen Verständnis zu gewinnen für den Bau und das Verhalten der Kollagenmoleküle, deren Entstehung bisher trotz der grundlegenden Wichtigkeit für die Gerbereichemie unbekannt geblieben ist, während durch die genialen Arbeiten von Unna für das Verhalten der hornbildenden Substanzen, der Keratine, wichtige Hinweise gewonnen sind.

Bei der Analyse des Kollagens wurden bisher nur 90 % der Substanz in bekannten Aminosäuren wiedergefunden statt der geforderten etwa 115 %: Glycocoll 25,5 %, Alanin 8,7 %, Leucin 7,1 %, Asparaginsäure 3,4 %, Glutaminsäure 5,8 %, Arginin 8,2 %, Histidin 0,9 %, Prolin 9,5 %; ferner nach Dakin Serin 0,4 %, Lysin 5,9 %, Oxyprolin 14,1 %. Fraglich erscheinen dem Verfasser Tyrosin mit 0,07 %, Phenylalanin mit 1,4 % und Ammoniak mit 0,4 %, gefunden von Dakin. Das Kollagenmolekül soll keinen Schwefel enthalten, obwohl alle älteren Analysen einen Schwefelgehalt angaben, in der Reihe der Spaltprodukte fehlt dementsprechend das Cystin, der einzige bekannte schwefelhaltige Bestandteil von Eiweißmolekülen.

Bei den Keratinen hatte Unna nachgewiesen, daß man stark schwefelhaltige und schwefelfreie unterscheiden müsse. Bei der Verhornung, welche die Zellen des Ectoderms erleiden, spaltet sich also das Zelleiweiß in schwefelfreie und stark schwefelhaltige Albumosen. Bei der Kollagenbildung scheint ebenfalls das Unlöslichwerden und die Umwandlung in Fibrillarsubstanz verbunden zu sein mit dem Verlust der Schwefelgruppe, der wir darnach eine wichtige Rolle bei der Erhaltung der Wasserlöslichkeit der Zelleiweißkörper zuschreiben könnten, da wir auch für die Bindegewebsfibrillen, wie es bei den Hornsubstanzen bewiesen ist, eine Bildung aus Zelleiweiß annehmen wollen. Für die chemische Auffassung der Gerbeprozesse wäre von besonderer Wichtigkeit eine Erforschung der Seitenkettengruppen, welche allein noch für rein chemische Eingriffe milder Art in das Kollagenmolekül verantwortlich gemacht werden können. Die Stickstoffkohlenstoffkette, welche dem ganzen Kollagenmolekül den Halt gibt, dürfte wohl bei keinem Gerbeprozesse angegriffen und gespalten werden. Soweit im Kollagenmolekül Diaminosäuren vertreten sind, müssen wir NH_2-Gruppen als Seitengruppen annehmen und diese können namentlich bei der Formalingerbung uns bei näherem Studium wichtige Aufschlüsse geben über die Zahl der freien Seitenkettengruppen, die NH_2 enthalten. Wenn diese NH_2-Gruppen besetzt und damit reaktionsunfähig gemacht worden sind, dann wäre die planmäßige Erforschung von freien COOH-Gruppen erst ermöglicht und erleichtert, und auch die Zahl der Doppelverbindungen im Molekül könnte aufgeklärt und festgestellt werden nach den üblichen chemischen Methoden. Eine Aufklärung der Gerbung nicht nur mit Formalin, sondern auch der Gerbung mit den Halogenen, namentlich Brom, wäre durch die oben geschilderten rein chemischen Untersuchungen mit Sicherheit zu erwarten. Besonders bedarf die Gerbereichemie der Aufklärung über die Rolle des Sauerstoffs bei der Umwandlung des Kollagenmoleküls in wasserunlösliche Form. Sowohl stark oxydierend wirkende Substanzen wie Brom, wie auch stark reduzierend wirkende Substanzen wie Hydrochinon machen die Kollagenmoleküle für Wasser schwer angreifbar, ohne daß zunächst physikalisch-chemisch denkbare Kolloidausflockungen eine Rolle zu spielen scheinen. Aldehyde, wie Phenolabkömmlinge, namentlich Chinon gehören, obwohl sie rein kristalloide Substanzen sind, zu den besten Gerbemitteln, was die Wichtigkeit der chemischen Betrachtungsweise für diese Gerbemittel dartut. Bei den Eiweißkörpern berichten die älteren Eiweißchemiker von einer Unlöslichmachung der Eiweißkörper durch Wasserstoffsuperoxydanwendung. Eiweiß soll durch Magnesiumsuperoxyd übergehen in Oxyprotein, welches in Wasser unlöslich ist wie gegerbtes Kollagen. Es ist nicht untersucht worden, ob Kollagen, auf gleiche Weise behandelt wie Eiweiß, ebenfalls in Oxykollagen übergeht, doch könnten derartige Untersuchungen für die Gerbereichemie Wichtigkeit erlangen. Da Wasserstoffsuperoxyd sowohl oxydierend wie reduzierend wirken kann auf organische Substanzen, wäre auch bei Eiweiß die Bildung eines Oxydationsproduktes aus chemischer Analyse zu erschließen, nicht aber einfach aus der Anwendung von Wasserstoffsuperoxyd zu folgern. Bei unseren heutigen Anschauungen vom chemischen Bau des Kollagenmoleküles sind sowohl Oxydationen wie Reduktionen, und wir können hinzufügen auch innere Anhydridbildungen nicht ohne eindringende neue chemische Untersuchungen verständlich, die die Struktur der Seitenketten zu berücksichtigen haben. Das Molekulargewicht des Glutins ist durch direkte Messung des osmotischen Druckes in einer Pfefferschen Zelle zu 3600 und 30 000 bestimmt worden. Da jede kaum zu vermeidende Hydrolyse während des Versuchs und jede Spur einer niedrig molekularen Verunreinigung das Molekulargewicht zu niedrig erscheinen läßt, so können wir die Zahl 3600 als Minimum der Molekulargröße von Glutin betrachten und alle niedrigeren Molekulargewichtszahlen aus chemischen Erwägungen sind durch Multiplikation des Erhaltenen auf Werte über 3600 zu steigern. Hatte man z. B. gefunden, daß 1 Kilo Haut 1 Grammmolekül einer einbasischen Säure binden kann, also von Salzsäure 3,5%, so müßte man daraus schließen, daß im Molekül mindestens vier basische reaktionsfähige Gruppen vorhanden sind, da das Molekulargewicht nicht 1000, sondern im Minimum 4000 betragen wird. Diese basischen Gruppen können bei unserer Seitenkettenauffassung sehr wohl aufgefaßt werden als die Aminogruppen von Diaminosäuren, von denen Lysin und Arginin genannt sein mögen. Im Leim fehlen Cystin mit seiner NH_2-Gruppe, Histidin mit seiner NH-Gruppe ist nur in Spuren nachgewiesen, auch Tryptophan mit seiner freien (NH) Gruppe scheint im reinen Glutin zu fehlen. Eine Kette mit vier Arginin in jedem Glutinmolekül anzunehmen, stände in guter Übereinstimmung mit der Tatsache, daß die bisher allerdings recht unvollkommenen Analysen Arginin mit 8,2 % als konstanten Bestandteil des Leims (nach Glykokoll mit 25,5 %) angeben. Bei dieser chemischen Betrachtungsweise der Aminosäureketten, weche das Glutinmolekül darstellt, kommt der amphotere Charakter des Leimmoleküls sehr gut zum Ausdruck durch die freien Karboxylgruppen, welche in der Asparaginsäure und in der Glutaminsäure nach der Peptidbindung übrig bleiben. Asparaginsäure ist zu 3,4 %, Glutaminsäure zu 5,8 % gefunden worden. Wir werden darnach vermuten können, daß das Glutin mehr als Base wie als Säure reagieren wird und mehr starke Säure wie starke Base absorbieren kann. Das gleichzeitige Vorhandensein von seitlichen Amino- oder Diaminogruppen und Karboxylgruppen im Glutinmolekül wird bewirken, daß trotz der Peptidkette das Glutin sich aminosäurenähnlich verhalten wird in chemischer Beziehung, nur abgeschwächt durch die Molekulargröße, welche fast stets eine größere Trägheit der Reaktionen bewirkt. Trotzdem sind wie bei den Aminosäuren gewisse innere Anhydridbildungen, welche mit Unlöslichwerden einherzugehen pflegen, beim Glutin wahrscheinlich, wobei eine Karboxylgruppe mit einer Aminogruppe desselben oder eines benachbarten Moleküls in salzartiger Bindung unter Wasseraustritt reagiert. Kettenbildung also Gelbildung der Moleküle des Glutins ist auf diese Weise bildlich darstellbar. Es ist erklärlich, daß die Bindung einer schwachen Säure mit einer so schwachen Base, wie sie die Aminogruppe darstellt, sehr leicht hydrolytisch unter Wasseraufnahme sich spaltet. Diese chemische Auffassung macht es verständlich, warum das unveränderte (native) Kollagenmolekül ebenso, wie das Eiweißmolekül eintrocknend hart amorph werden kann und in Wasser wieder quillt. Durch Spaltung der Peptidkette beim Faulen zerfällt Glutin durch Einwirkung von Bakterienfermenten, welche die Gruppe CO—N—CO unter Wassereintritt spalten. Beim Kochen bildet die Rohhaut Leim, da die Bindungen der einzelnen Glutinmoleküle untereinander, also in den Seitenketten, Bindungen von $C{=O \atop -OH}$ an NH_2-Gruppen der Nachbarmoleküle unter Wassereintritt sich lösen. Als Bindung einer schwachen Base mit einer schwachen Säure ist die Verbindung gegen Wasser in der Wärme unbeständig.

Betrachten wir den Bau der Seitenketten nach dem bisherigen ganz unvollständigen Stande der Kenntnisse von den Spaltungsprodukten, so werden eine Reihe der beim Gerben auftretenden, meistens chemischen Umsetzungen verständlich, während für eine weit längere Reihe eingehendere Kenntnisse der Spaltungsprodukte des Kollagens unbedingt erforderlich sind.

Kollagen und Glutin besitzen wie alle Polypeptide eine $C{=O \atop -OH}$-Gruppe am Anfang und eine NH_2-Gruppe am Ende der langen Kette. Damit ist ausgesprochen, daß die Kette chemisch das Verhalten einer vielatomigen Aminosäure selber wiederholen wird. Zu diesen Endgruppen kommen noch zu den an früherer Stelle bereits besprochenen Aminogruppen und Säuregruppen der Seitenketten eine freie Hydr-

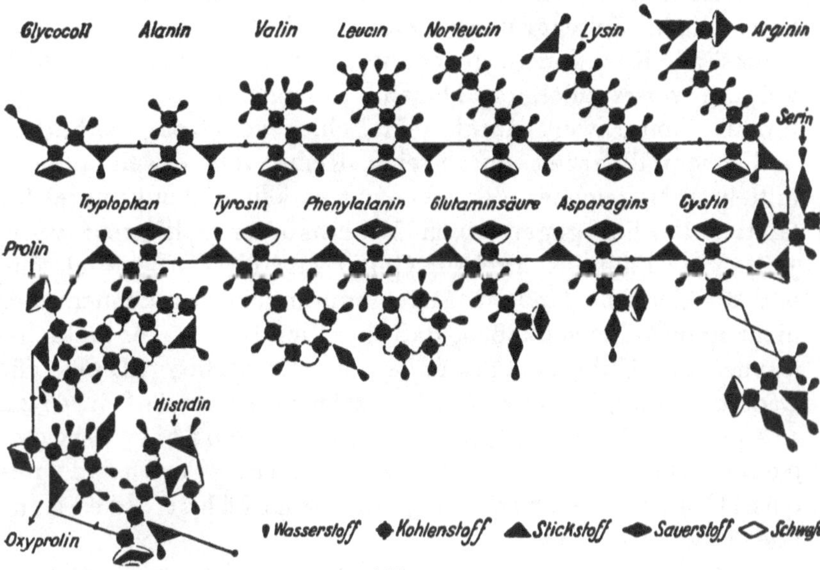

Abb. I.
Schema des Baues des Eiweißmoleküles. Enthält die sicher nachgewiesenen Spaltungsprodukte der Eiweißkörper mit den bekannten Seitengruppen.

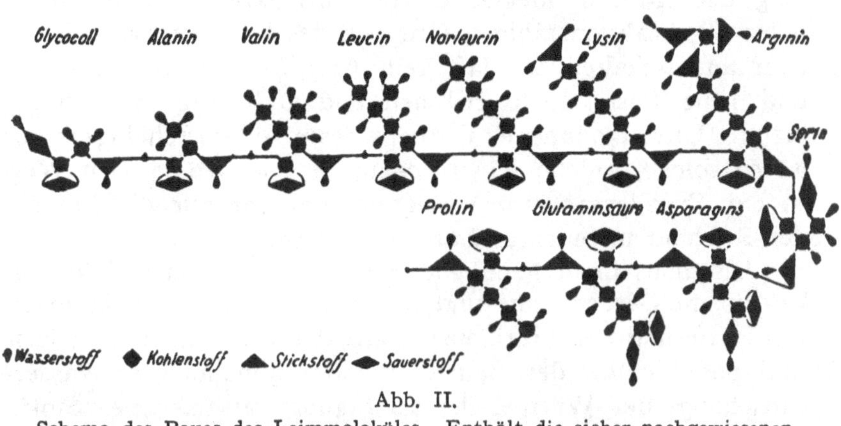

Abb. II.
Schema des Baues des Leimmoleküles. Enthält die sicher nachgewiesenen Spaltungsprodukte des Glutins mit den reaktionsfähigen Seitengruppen.

oxylgruppe, im Serin eine Stickstoffwasserstoffgruppe im Histidin und im gleichen Molekül eine doppelte Kohlenstoffbindung, die einzige, welche für das Kollagen nur unsicher nachgewiesen ist, da Benzolabkömmlinge zu fehlen scheinen. Danach würden also Tryptophan, Thyrosin und Phenylalanin, ferner auch noch Cystin mit seinen reaktionsfähigen Seitengruppen fehlen und die Armut des Kollagens an Reaktionen gegenüber den eigentlichen Eiweißkörpern verständlich erscheinen. Kollagen ist als Spaltungsprodukt von Eiweiß durch sein Fehlen von Koagulierbarkeit und Nichtfällbarkeit durch eine Reihe von Eiweißfällungsmitteln ausgezeichnet, dagegen gibt es kein Fällungsmittel für Glutin, welches gegen einen Eiweißkörper indifferent wäre. Jedes gute Fällungsmittel für Glutin wird ein Gerbemittel sein, und die tierische Haut in Leder umwandeln, wir können aber nicht umgekehrt schließen, daß die Nichtfällung der Gelatinelösung die Unbrauchbarkeit eines chemischen Mittels für Lederbereitung beweist. *Leder können wir definieren als tierische Haut, bei welcher die native Bindegewebsfibrillensubstanz in nicht mehr säurequellbare Verbindung übergeführt (denaturiert) worden ist.*

Das Verhalten der Fibrillensubstanz zu Wasser hängt nach der Seitenkettentheorie ab von dem Vorhandensein freier reaktionsfähiger Gruppen von $\mathrm{C}{=\mathrm{O} \atop -\mathrm{OH}}$ und NH_2. Umwandlung der Haut in ideales Leder würde also bedeuten, möglichst alle reaktionsfähigen Gruppen des Kollagens zu belegen oder auszuschalten, so daß kein Angriffspunkt für H — OH und seine Bestandteile H-Ionen und OH-Ionen mehr übrig bleibt. Unvollkommene Gerbeprozesse oder Scheingerbung wären solche, welche rein mechanisch dem Wasser den Weg zu der Fibrillensubstanz verlegten oder gar nur die Fäulnis der Rohhaut in feuchter Luft verhindern.

Durchaus nicht genügend untersucht trotz ihrer Wichtigkeit für die Gerbechemie sind die Fragen nach der allmählichen Denaturierung der Fibrillensubstanz der Haut unter dem Einfluß des Lichtes, des Sauerstoffs, der allmählichen Wasserentziehung, der Wärme, der Einfügung verschiedener Stoffe zwischen die Bindegewebsfibrillen. Hier winken dem Gerbereichemiker noch lohnende Aufgaben, die ebensowohl seine strukturchemischen wie seine physikalisch-chemischen Kenntnisse in Anspruch nehmen. Selbst ein so rein chemisch anmutender Vorgang wie die Formalingerbung ist nicht durch eine rein chemische Darlegung der Formalinbindung in die Seitenkette des Kollagenmoleküls zu erledigen. Die Veränderungen, welche durch die durchaus nocht nicht ganz klar liegenden chemischen Reaktionen an dem physikalischen Zustand der Fibrillensubstanz bewirkt werden, Veränderungen, welche allmählich Platz greifen können und die sich in Änderungen des Wasserbindungsvermögens kundgeben sind das Wichtigste für die Gerbereichemie, da die Beschaffenheit des Leders in gleichem Grade von der chemischen Formel der Kollagensubstanz wie von deren physikalisch-chemischem Zustand abhängig gedacht werden muß. Die Frage, ob für die Aufklärung des Gerbevorganges die chemische oder die physikalisch-chemische Theorie vorzuziehen sei, berücksichtigt nicht die Tatsache, daß letzten Endes die Chemie ja als ein Kapitel der Physik darzustellen ist, daß aber bei Aufrechterhaltung der Trennung beider Wissenschaften bei der Gerbung beide Auffassungen vereint zu Recht bestehen können und werden. Viel allgemeiner als meistens im heutigen chemischen Unterricht dargestellt geht der Umlagerung von Körpern im chemischen Sinne eine physikalisch-chemisch zu behandelnde Anlagerung voran und das trifft vor allem bei den Gerbeprozessen zu. Namentlich bei der Mineralgerbung kommt es nach anfänglicher Anlagerung und Zwischenlagerung von Kolloiden an und zwischen die Bindegewebsfibrillen zu einer nachträglichen chemischen Umsetzung, die häufig nicht sogleich merkliche Werte annimmt, sondern erst im Laufe der Zeit praktisch vollständig zu Ende läuft. Diese chemische Umsetzung kann mit erheblicher Wärmebildung Hand in Hand gehen.

Namentlich beim alaungaren Leder findet beim Lagern eine festere Bindung der gerbenden Stoffe an die Hautfasern und damit eine Umlagerung in chemischem Sinne statt. Die wasserlöslichen Stoffe nehmen ab, die Festigkeit und Widerstandsfähigkeit des Leders nimmt aber zu. Die Erscheinung wird in der Gerberei als Altern des Leders bezeichnet. Ob es sich beim Altern um die Umwandlung von Sol in Gel handelt oder ob Kondensationen, Anhydridbildungen oder Polymerisationen in Frage kommen ist noch nicht entschieden, doch hält Verfasser die letztere Version für die wahrscheinlichere. Wenn Leder beim

Lagern sich erhitzt, so beruht dies auf einer Tätigkeit von Mikroorganismen, welche mit starker Wärmebildung einhergehende Spaltungen einleiten. Die Wärmebildung kann namentlich bei lohgaren Ledern beim Stapeln ungenügend getrockneter Leder bis zur Verkohlung einzelner Lederpartien gehen, doch wird die Entflammungstemperatur der Hautstoffe nicht erreicht, so daß Brände nicht zu befürchten sind. Stark erhitzt gewesene Leder sind für Lederwaren nicht mehr zu verwenden. Die chemischen Prozesse, welche die Wärme im gestapelten Leder entwickeln, sind bisher nicht untersucht, doch könnten die mit dem Nobelpreis ausgezeichneten Arbeiten von Meyerhoff und Hill, welche die Aufklärung der Wärmebildung in Muskel gebracht haben hierbei als Führer dienen. Für die Aufklärung des Gerbeprozesses in chemischer Hinsicht kommt vor allem das Studium und die Analyse der Gerbung mit Gasen wie Brom, Aldehyd, Chinondampf in Frage, für die Darlegung der Mineralgerbung dagegen ist das Studium der Adsorptionsverbindungen von Kolloiden untereinander sowie von Kolloiden mit kristalloiden Instanzen entscheidend. Bei allen Arten der Mineralgerbung, von denen hier besonders die Gerbung mit den Salzen des Aluminiums, des Chroms, des Eisens und der seltenen Erden genannt sein mögen, handelt es sich um eine Anlagerung einer kolloidalen chemischen Verbindung an die ungelöste aber quellbare Substanz der Unterhautfaser an das Kollagen. Bei allen Arten der Mineralgerbung kommt es nach der Anlagerung zu Umlagerungen, welche wesentlich das Ergebnis der Gerbung beeinflussen. Diese Umlagerung kann als chemischer Prozeß aufgefaßt werden, wenn alle vorhandenen Moleküle ihre Zusammensetzung gleichsinnig ändern.

Wer eine Entscheidung darüber herbeiführen will ob Gerben ein chemischer oder ein physikalisch-chemischer Prozeß ist, muß eine Definition aufstellen von solcher Bestimmtheit, daß eine Entscheidung experimentell sich herbeiführen läßt. Wir müssen fragen, wenn wir Adsorptionsverbindungen verschiedener Stoffe nicht als chemische Verbindungen gelten lassen wollen, was ist der maßgebende Unterschied zwischen einer Adsorptionsverbindung und einer chemischen Verbindung. Verfasser sieht den Unterschied in folgendem. Chemische Umsetzung führt zu einem Produkt, welches Teilchen von gleicher

Größe und gleichartiger Zusammensetzung in gleichartiger Raumanordnung enthält, während eine Adsorption ungleiche Teilchen in unsymmetrischer Raumanordnung liefert. Erst nach Anerkennung einer Definition ist eine Entscheidung möglich, ob Mineralgerbung ein chemischer oder ein physikalisch-chemischer Vorgang ist, oder ob beide Arten von Vorgängen gemischt das Wesen der Gerbung ausmachen. Verfasser nimmt an, daß eine Kombination nicht zweier, sondern dreier verschiedener Prozesse das Wesen der Mineralgerbung ausmacht, nämlich erstens chemische Prozesse mit Veränderung jedes Kollagenmoleküls der Blöße, zweitens Anlagerungen — Adsorptionsverbindungen — an das veränderte Kollagenmolekül, welches nach der Umlagerung und Veränderung nicht mehr Kollagenmolekul genannt werden sollte, da es chemisch etwas Neues darstellt, und drittens Einlagerungen von Stoffen meistens Gelen in die Hohlräume zwischen den Unterhautfibrillen ohne molekulare Beeinflussung der Fibrillen und Ledersubstanz.

Ist man sich dieser dreifachen Verschiedenheit der Gerbevorgänge bewußt, dann ist die Darstellung der Gerbeprozesses zwar erleichtert, es bleibt aber bestehen unsere bisherige Unkenntnis von dem Bau des Kollagenmoleküls und des Kollagengerbstoffmoleküls (Ledermolekül), während die mechanisch eingelagerten Stoffe sich zum Teil haben feststellen lassen, soweit sie nicht nachträglich durch Umlagerung echte chemische Prozesse im fertigen Leder eingehen.

Kapitel I.

ALAUN- ODER WEISSGERBUNG.

Von allen Mineralgerbungen ist die Gerbung mit den Salzen des Aluminiums, vor allem mit Alaun (Aluminiumsulfat), die älteste und bis zu dem, erst in den letzten Jahrzehnten erfolgten Aufschwung der Chromgerbung die allein angewandte Mineralgerbung.

Der historische Nachweis der Anwendung läßt schließen, daß schon viele tausend Jahre vor Christi Geburt die Alaungerbung bekannt war und nur die Anwendung der Sämischlederbearbeitung scheint auf ein höheres Alter innerhalb der Menschheit zurückblicken zu können. Neuere Untersuchungen haben gezeigt, daß die Hautfaser mit den Aluminiumsalzen eine derartig schwache Verbindung eingeht, daß man zweifelhaft sein kann, ob man von einer echten Gerbung sprechen soll. Wohl zerlegt die Blöße die Aluminiumsalzlösungen in basische Aluminiumhydroxyde und in Säure. Aber die Haftung der Aluminiumhydroxyde an den Hautfasern ist derartig schwach, daß durch lang dauerndes Auswaschen der größte Teil der Metallsalze sich entfernen läßt, und wenn man eine weißgare Haut mit Wasser kocht, so werden die Tonerdesalze bis auf einen geringen Rest entfernt und die Haut geht in eine gelatinöse Masse über. Bei Einlegen von Häuten in Aluminiumsalzlösungen fügt man stets große Mengen von Kochsalz den Gerbebrühen hinzu, da ohne Kochsalz die physikalische Veränderung der Hautfasern nur geringfügig ausfallen würde. Ein Zuviel an Kochsalz kann nicht gut angewendet werden, da selbst konzentrierte Kochsalzlösungen sich als tauglich erweisen. So geringfügig die Veränderung der Blößen auch sein mag, kann man doch einen Unterschied nachweisen bei den mit nur starkem Kochsalz behandelten Blößen und solchen, bei welchen Salze des Aluminiums hinzugefügt werden, wenn auch von einer Umwandlung der Fasern der Haut, wie sie bei der Anwendung von Chromsalzen erfolgt, bei der Weißgerbung nicht die Rede sein kann. Immerhin ist die antiseptische Wirkung der abgelagerten Aluminiumsalze in Betracht zu ziehen und kann als Hauptvorteil bei Anwendung der Weißgerbung betrachtet werden. Im übrigen wurde schon in ältester Zeit die Gerbung mit Aluminiumsalzen mit anderen Methoden der Hautgerbung, namentlich mit der Fettgerbung, verbunden, durch welche eine Wasserfestigkeit des Leders bekanntlich erzielt werden kann. Erst nach Kombination mit einer Zusatzgerbung können wir von einer Weißgerbung im eigentlichen Sinne reden, da man ein Produkt, welches Naßwerden nicht verträgt ohne sich in Rohhaut zurück zu verwandeln, nicht gut als Leder bezeichnen kann.

Die Anlagerung von Aluminiumsalzen erlaubt die Herstellung besonders weicher Ledersorten, wie sie bei der Handschuhfabrikation unumgängliche Bedingung sind, im Gegensatz zu den anderen Mineralgerbungen, welche weniger nachgiebige, aber dafür auch dauerhafte und hitzbeständige Lederbearbeitung ermöglichen. Die Weißgerbung hat sich ihren Platz zu behaupten gewußt, namentlich bei der Bearbeitung von Pelzwerk. Aber auch Riemen und Nähriemenleder werden noch in geringer Menge nach diesem Verfahren hergestellt. Namentlich bei der sogenannten Glacé-Gerbung werden große Mengen von Handschuhleder verarbeitet und früher nach demselben Verfahren auch Oberleder für das feinste Schuhwerk hergestellt, doch sind in letzter Zeit durch die Chromgerbung alle Weißgerbverfahren stark zurückgedrängt worden. Nach einer reinen Alaungerbung trocknet die Blöße zu einer hornigen, dünnen, pergamentähnlichen Masse zusammen, als wenn sie nicht gegerbt wäre, kann aber durch Stollen weiß und weich gemacht werden, weil durch die Zwischenlagerung des Alauns zwischen die Hautfasern die Trennung der einzelnen Faser voneinander erleichtert wird. Die einfachste Form der Weißgerbung ist bei Pelzfellen die, daß man die Haarseite mit einer Lösung, welche Alaun und Kochsalz enthält, bestreicht oder die Außenseite mit einer Mischung von Alaun und Kochsalzpulver einreibt. Durch die Hautflüssigkeit werden alsdann diese Salze gelöst und in die Tiefe transportiert. So häufig dieses Verfahren bei Fellen angewandt wird, ist es doch zu verwerfen, weil diese Art von Alaungerbung ein ganz dünnes leeres Leder entstehen läßt, welches weder fest noch wasserdicht ist. Man glaubte Abhilfe schaffen zu können indem man nachträglich derartig bearbeitetes Leder durch starkes Einfetten wasserdichter zu machen versucht. Das Verfahren, Häute mit einer kombinierten Alaun- und Fettgerbung in Leder zu verwandeln, wurde in Frankreich z. Zt. des Königs Heinrichs IV. aus Ungarn eingeführt, wodurch sich der in Frankreich gebrauchte Name Hongrayage für diese Form der Weißgerbung erklärt. Für das Verhältnis von Kochsalz und Alaun gibt es bisher kein nach wissenschaftlicher Erfahrung hergestelltes Rezept. In der Praxis hat es sich aber als brauchbar bewährt, wenn man auf 100 Kilo Blöße etwa 9 Kilo Kalialaun, 4 Kilo Kochsalz und etwa 80 Liter Wasser nimmt. Es ist nicht ratsam, die Gerbung durch einfaches Einmengen der Blöße in Lösungen zu bewirken, sondern man gerbt unter steter Bewegung in den auch sonst in der Gerberei üblichen Walkfässern. Die Firma Gläser in Wien hat speziell für die Zwecke der Pelzgerberei ein Würfelwalkfaß konstruiert, welches aus einem Kasten besteht, der um seine Diagonalachse rotiert. Das Würfelwalkfaß ist für größere Häute nicht recht brauchbar und kommt eine Gerberei mit den üblichen Walkfässern auch bei Anwendung der Weißgerberei aus. Bei der Riemen- und Nähriemenlederfabrikation werden große Häute von 30—45 Kilo Gewicht verwendet und direkt verschnitten, so daß man die Krupons zu Treibriemenleder verwenden kann, während der Abfall (Flähmen und Hälse) zu Schlagriemen und Nähriemen verwendet werden. Es ist bei dieser Art Gerbung darauf zu achten, daß bei der Äscherung und Beizung nicht zuviel Hautsubstanz verloren geht und daß die Kalkreste in den Blößen sorgfältig entfernt werden, ehe die Alaunkochsalzmischung angewendet wird, weil sonst die Festigkeit des Weißleders erheblich leidet. Vor dem Einbringen der zu Riemenleder bestimmten Blößen in die Alaunkochsalzmischung müssen die Häute intensiv mit Hämmern oder mechanischen Stampfen bearbeitet werden, wobei die Festigkeit des späteren Riemenleders in hohem Grade von der sachgemäßen Ausführung der Vorbearbeitung abhängig ist. Nach mehrmaligem Durchwalken der Häute in der Lösung mussen sie noch etwa eine Woche lang, von der Lösung bedeckt, stehen gelassen werden und wenn Probeschnitte ergeben, daß die Gerbung noch nicht die ganze Hautdicke durchdrungen hat, muß unter Umständen die ganze Prozedur wiederholt werden, bis völlige Durchgerbung erfolgt ist. Die hartgetrockneten Leder werden alsdann zwischen Walzen von verschiedenem Durchmesser weich gewalzt. Für die schweren Krupons gibt es eigens konstruierte Maschinen mit Trommeln, die sich mit verschiedenen Geschwindigkeiten drehen. Diese Maschinen eignen sich für Leder, bei denen ein Stollen nicht möglich ist und man erzielt mit diesen Maschinen eine befriedigend weiche Haut. Dem Fetten der Riemenleder wird mit Recht besondere Sorgfalt zugewandt und durch das Verfahren des sogenannten „Einbrennen" das Fett zugeführt bei einer Wärme von 50° C, die bei weißgarem Leder allerdings nicht überschritten werden darf. Das Einbrennen wird heute zum Teil in schweren Walkfässern ausgeführt und eine Mischung von Talg und Mineralöl angewandt. Die genaueren Rezepte der für die Einbrennung geeigneten Mischungen werden in der Regel von den einzelnen Fabriken als Fabrikationsgeheimnis streng gehütet, jedoch läßt sich sagen, daß eine jede Mischung geeignet erscheint, welche dem Ranzigwerden nicht unterworfen ist und bei Zimmertemperaturen weder eine ölige noch allzu harte Konsistenz besitzt.

Die Glacé-Gerbung.

Die eben erwähnte Tatsache, daß bei der Weißgerbung vor allem die fäulnisverhindernde Kraft der Aluminiumsalze in Betracht kommt, während die eigentliche Lederbereitung auf Behandlung mit anderen gerbenden Substanzen beruht, gilt für die Bearbeitung des Glacéleders, bei welchem die Kombination von drei Verfahren den Enddefekt hervorrufen. Während die Aluminiumsalzgerbung das Leder fäulnisunfähig macht, wird durch eine Fettgerbung eine Sämisch-Gerbung erzeugt, welche das Leder wasserdicht und fest macht, drittens wird durch Anfüllung der leeren Räume der Häute mit feinem Pulver Weichheit und Fülle des Produktes hervorgerufen. Man benutzte in fruherer Zeit zur Herstellung des Glacéleders neben der Alaungerbung eine sogenannte Gare, welche im wesentlichen aus Eigelb und anderen pflanzlichen und tierischen Ölen und außerdem aus Weizenmehl bestand. In neuerer Zeit wird an Stelle des Weizenmehls feinste gepulverte Mineralsubstanz verwendet und an Stelle des allzu teueren Eigelbs findet eine nach verschiedenen Rezepten hergestellte Fettemulsion Verwendung. Auf diese Weise läßt sich eine erhebliche Verbilligung der für die Handschuhlederfabrikation in Betracht kommenden Gerbefelle erzielen, ohne daß die Güte des Produktes darunter zu leiden braucht. Welche Menge von Eiern und Mehl in früherer Zeit Verwendung fanden, geht daraus hervor, daß man für 100 Kilo trockene Felle etwa 5 Kilo Alaun, 2—4 Kilo Kochsalz, nicht weniger als 7 Kilo Mehl und 50 Eidotter verwandte, wobei allerdings selten frische Eier, sondern meistens getrocknetes Faßeigelb zur Verwendung kam.

Bei der Bearbeitung der Glacégare ist es durchaus nicht gleichgültig, in welcher Reihenfolge die einzelnen Bestandteile der Gare miteinander vermengt werden, und es ist streng darauf zu achten, daß die Lösung von Alaun und Kochsalz allmählich zu dem, zu einem dünnen Brei angemengten Weizenmehl und Eigelb hinzugefügt werden. Es ist darauf zu achten, daß die Salzlösung nicht wärmer als 40% mit der Eigelblösung in Berührung kommt, da sonst Gerinnung der Eisubstanz eintreten würde und die Gare für die Handschuhlederfabrikation dadurch untauglich gemacht wird. Trotz der breiartigen Beschaffenheit einer Salzgare nehmen die Blößen in den Walkfässern bei Innehaltung der richtigen Mengenverhältnisse die gesamte Gare in sich auf, ohne daß nachher die zwischen den Fibrillen eingelagerte Mehlsubstanz wieder verloren geht.

Ähnlich wie die Handschuhleder werden jetzt eine ganze Reihe von Weichfutterledern hergestellt und es ist zu beachten, in wie hohem Maße die Verwendung von Leder für Bekleidungszwecke in den Kulturländern zugenommen hat.

Obwohl die alaungaren Oberleder nach Einführung der Chromgerbung, die sich freilich erst nach schwerem Ringen durchsetzen konnte, ihre Bedeutung zum größten Teil verloren haben, pflegen doch eine Anzahl moderner Gerbereien vor der Chromgerbung einen sogenannten Alaunpickel zu geben, d. h. die Blößen sind mit einer stark kochsalzhaltigen Alaunlösung zu behandeln, was im Grunde nichts weiter darstellt, als eine unvollkommene Weißgargerbung. Da das Chromleder weit unempfindlicher gegen Wasser und Strapezierung ist als das weißgare Leder, haben auch die früheren so sehr beliebten Lederarten wie Glanzchevreau und Kidleder ihre Bedeutung fast ganz verloren, so daß heute die Oberlederfabrikation der Weißgargerbung entbehren kann. Dagegen werden heute noch trotz der vorzüglichen Qualität der chromgegerbten Leder eine Menge Lederarten in immer steigenden Quantitäten in Kombinationsgerbung mit Alaun hergestellt, die man unter dem Namen Feinleder zusammenfassen kann. Unter diesem Namen werden eine ganze Reihe von Lederarten verkauft, wie Portefeuille- und Möbelleder, Buchbinderleder, Leder für alle Arten von Luxusartikeln, für Koffer- und Sattlerarbeiten, hauptsächlich allerdings für die oben ausführlich besprochene Handschuhlederfabrikation.

Da der Alaun an sich nicht billig ist, sind die Alaunkombinationsgerbungen sämtlich recht teuer, trotzdem erfreuen sie sich steigender Beliebtheit, wegen der Mannigfaltigkeit der

Zurichtung, der Färbungen und wegen der guten Lederqualität, welche die modernen Kombinationsgerbungen ermöglichen. Eine Reihe derartiger Alaunkombinationsgerbungen sollen in Kapitel IV Absatz 2 besprochen werden.

Chair-Leder.

Ist ein durch Kombinationsgerbung hergestelltes Schafleder, von dem der Narben entfernt worden ist, wonach das Leder auf der Fleischseite geschliffen worden ist. Das Chairleder kam in schönen Farbenkombinationen in den Handel. Doch ist seine Festigkeit keine allzu hohe.

Mochaleder.

Unterscheidet sich nur dadurch von dem Chairleder, daß der Narben nicht ganz entfernt, sondern nur aufgerauht ist. Die beiden zuletzt erwähnten glacégaren Lederarten heißen im Handel dänisches oder schwedisches Leder. Hier muß auch das unechte Dogskinleder erwähnt werden. Da echte Hundefelle nicht genügend zu beschaffen sind, wird das Hundeleder durch geeignete Behandlung von Schaffellen nachgeahmt. Die Schaffelle werden zuerst mit einem pflanzlichen Stoffe angegerbt, dann erfolgt eine Chromgerbung und über dies noch eine Glacégerbung. Wir haben es also mit einer sehr komplizierten Kombinationsgerbung zu tun. Das Schafleder wird aber durch die erwähnten Gerbungen sehr fest und ist von echtem Hundeleder nur für den Geübten zu unterscheiden.

Zur weißgaren Gerbung gehören auch die alaunfettgaren Näh- und Binderiemenleder, welche in der Industrie viel gebraucht werden. Die Blößen erhalten zuerst eine reine Alaungerbung, werden dann mit Lohgerbstoff nachgegerbt und schließlich noch mit Talg und Tran eingefettet und gewalkt. Die Festigkeit solcher Leder ist eine befriedigende und sie erhalten von dieser Kombinationsgerbung eine angenehme gelbe Farbe. Schließlich gehört in das Gebiet der Alaun-Gerbung auch die Herstellung von Pergament- oder Trommelleder, welches eine schwache Vorgerbung mit Alaun und Kochsalz erhält. Das Pergamentleder wird nicht nur zu den allerbesten Bucheinbänden verwandt, sondern auch für Lederblöcke bei Kegelrädern, sowie auch für Binde-, Näh- und Schlagriemen.

Kapitel II.

DIE EISENGERBUNG.

Obwohl Versuche die verhältnismäßig billigen Eisensalze, deren Gerbewirkung durch die grundlegenden Untersuchungen von Professor Knapp in Halle bekannt geworden waren, als Gerbestoff zu benutzen schon weit zurück liegen, kann man auch heute nicht sagen, daß irgendeines der zahlreichen Gerbeverfahren mit Eisensalzen sich den Markt für sein Produkt in annähernd so ausgedehnter Weise erobert hätte, wie wir es bei der Chromgerbung gesehen haben. Obwohl die deutschen Gerbereien fast einmütig jahrzehntelang die Chromgerbung abgelehnt hatten, trotzdem sie die Vorzüge des Chromleders, beim Kochen nicht unbrauchbar zu werden und ein elastisches festes Leder zu bilden nicht bestreiten konnten, werden heute in der ganzen Welt etwa 75% aller Oberleder mit Chromgerbung hergestellt und nur für die Herstellung von Sohlenleder ist es bisher der Chromgerbung nicht gelungen das alte Verfahren der Grubenlohgerbung vollständig zu verdrängen. Wir besitzen heute in Deutschland einige angesehene Gerbereien, welche Eisenleder in brauchbarer Qualität zu liefern imstande sind, aber es soll nicht verschwiegen werden, daß die Gesamtproduktion an eisengegerbten Lederwaren in Deutschland, sowohl wie in der ganzen Welt nur ganz wenige Prozent der gesamten Lederherstellung ausmachen. Es ist bisher nicht gelungen, die chemischen Verschiedenheiten von Eisen und Chrom bei der Gerbung so auszugleichen, daß die erzeugten Eisenleder alle Vorzüge der Chromleder aufweisen. Die Eisengerbung steht etwa in der Mitte zwischen der schwachen und unvollkommenen Alaungerbung, die durch die geringsten Eingriffe wieder rückgängig gemacht werden kann, so daß dieses Leder die Eigenschaft von Blößen wiederum annimmt und dem fast unveränderlichen Chromleder mit seinen oben berührten Vorzügen vor allen anderen Lederarten. Die meisten Gerbereien, welche Eisenleder liefern, sei es nach welchen Patentverfahren, immer müssen, um die Qualität der eisengegerbten Leder zu verbessern, eine zweite Art von Gerbung, meist Aldehydgerbungen, zu Hilfe nehmen, um eine dauerhafte Fixierung der Gerbestoffe in den Unterhautfibrillen zu bewirken, während es bisher anscheinend nicht gelungen ist, durch eine reine Eisengerbung ein Leder von befriedigender Qualität zu erzielen. Die Eisensalze, ein in Deutschland heimisches Produkt, sind derartig viel billiger als die aus dem Auslande zu beziehenden Chromsalze, daß die Lösung des Problems, mit diesen Eisensalzen befriedigende Resultate zu erzielen, freudig zu begrüßen wäre. In den folgenden Zeilen sollen die verschiedenen Methoden beschrieben werden, auf Grund der für die Eisengerbung genommenen Patente, welche im Anhang wiedergegeben sind.

Gerbung mit Eisenoxydulsalzen.

Am billigsten stellt sich die Gerbung mit Eisensalzen bei Verwendung von Eisensulfat, einem Eisenoxydulsalz, welches allerdings im Leder durch Sauerstoff erst in ein Eisenoxydsalz übergeführt werden muß, weil das Eisenoxydhydrat das eigentliche Gerbemittel darstellt, welches ein Zusammenkleben der Unterhautfibrillen verhindert und dadurch die Blößen in eine Art von Leder umwandelt. Nach den Patenten von Dr. Bystron stellt eine Lederfabrik, Gebr. Stürmer in Prühlitz, Eisenleder her, indem sie durch einen Katalysator im angezogenen Falle Stickoxydul das Eisenoxydul durch den Luftsauerstoff zu Eisenoxydhydrat oxydieren läßt. Die Eisenleder weisen eine schöne Farbe auf, welche durch gewisse Kunstgriffe der des lohgaren Leders täuschend ähnlich gemacht werden kann, und es zeichnen sich die Eisenleder bei geeigneter Herstellung durch große Festigkeit aus. Noch schwerer wie Chromleder lassen sie sich aber mit den Händen bearbeiten, so daß Stollen und Zurichtung beim Eisengerben mit modernen Maschinen ausgeführt werden muß, wenn befriedigende Resultate erzielt werden sollen. Bystron glaubt bei seiner Ferroxgerbung das überhaupt mögliche Maximum an Billigkeit erreicht zu haben, wie er sagt, da Eisenvitriol überall in großen Mengen und zu einem billigen Preise zu haben wäre und der Sauerstoff der Luft nichts kostet. Bei Gegenwart von Stickoxydul wird der Sauerstoff der Luft (in statu nascendi), wie die Chemiker sagen, so energisch an die Unterhautfibrillen fixiert, daß das Eisensalz durch Waschen mit Wasser nicht mehr entfernt werden kann, während bei Verwendung von Eisenoxydulsalz ohne Katalysator sich der größte Teil des erzeugten Eisenoxydhydratniederschlages durch Auswaschen wieder entfernen läßt. Das Ferroxleder soll nicht nur in der Gerbung außerordentlich billig sein, sondern auch durch eine sehr kurze Gerbedauer für sich einnehmen. Das Ferroxverfahren würde demnach mit der Tintenbildung auf der Papierfaser zu vergleichen sein, denn bei diesem Prozeß entsteht durch Oxydation an der Luft erst der am Papier haftende Niederschlag, den wir Tinte nennen. Bystron behauptet, daß er nach diesem seinem Verfahren Eisensohlenleder herstellen kann, das sich gut nageln und nähen läßt, das sich durch Wasserdichtigkeit und nur geringe Abnutzbarkeit auszeichnet. Die Farbe ist etwa die des lohgaren Leders. Zu dieser Art von Eisengerbung möchte der Verfasser bemerken, daß die Eisenoxydhydratniederschläge an sich, wie sie auch immer hergestellt sein mögen, keine Konsistenz, Zähigkeit und Biegsamkeit besitzen, welche es glaubhaft erscheinen lassen, daß durch Einlagerung dieser Masse zwischen den Unterhautfibrillen ein gleiches Leder entstehen könnte, wie wir es von dem Chrom- oder lohgaren Leder kennen. Ganz besonders muß bezweifelt werden, daß, wenn die Eisensalze in solchen Mengen abgelagert werden, wie es Bystron vorschlägt um möglichst hohes Rendement zu erzielen, so daß soviel Eisensalze in der Haut zurückbleiben, als Hautsubstanz in trockenem Zustande vorhanden gewesen war, daß alsdann ein biegsames, weiches, beim Tragen angenehmes Leder entstehen könnte. Als Hauptprinzip bei der Gerbung jeglicher Art muß man bezeichnen, daß er erstrebt werden muß, solche Niederschläge zwischen die Unterhautfibrillen zu bringen, welche selber elastische, biegsame und weiche Fasermasse und Fäden bilden, während alle harten und brüchigen Niederschläge notwendigerweise ein Leder von schwacher Qualität entstehen lassen.

Ein zweites Verfahren der Eisenoxydulgerbung ist von einem Gerbemeister Stephan Begany in Nisch (Serbien) ausgearbeitet worden, wobei ein Leder erzielt wurde, welches laubgrün gefärbt war und an die Zweibad-Chromgerbung nach der Reduktion erinnerte. Die Felle wurden wie für die Chromgerbung vorbereitet und waren mit Hundekot gebeizt und gepickelt worden. Die Gerbung erfolgte in einer mit Essigsäure versetzten Eisenvitriollösung, dann ließ sie Begany auf dem Bock abtropfen und durch eine Sodalösung ausfällen. Durch den Sauerstoff der Luft wird später das ausgefällte Oxydulhydrat oxydiert, wobei das Leder eine braune Farbe annimmt. Die Farbe wird schön rotbraun, aber an Flähmen und Krallen trocknen leicht dunkle Stellen an, welche hart werden und entfernt werden müssen.

Gerbung mit Eisenoxydsalzen.

Das Wesen der Gerbung mit Eisenoxydsalzen besteht darin, daß vor der Gerbung basische, aber noch lösliche Eisenverbindungen erzeugt werden, welche als Gerbemittel dienen und das alsdann später durch weiteren Alakalizusatz die Ausfällung des Eisenoxydhydrats zwecks fester Anheftung an die Unterhautfibrillen erzielt wird. Es ist oben bereits betont worden, daß sich mit Eisenoxydsalzen keine wasserbeständige Verbindung mit der Unterhautfaser erzielen läßt, sondern daß diese feste Bindung nur erreicht wird, wenn die Oxydierung auf der Faser selbst stattfindet. Um also mit Hilfe von Oxydsalzen brauchbare Leder zu erzielen, werden andere Gerbemittel meistens Ameisensäure oder Formaldehyd hinzugenommen, welche eine Zusatz-Gerbung bewirken. Da für Sohlenleder auch dieses Verfahren noch ungenügend ist, muß man dafür Sorge tragen, wenn man ein hohes Rendement erzielen will, daß außer dem Eisenoxydhydrat noch andere geeignete Verbindungen bei der Gerbung zwischen die Fasern eingelagert werden und man hat nicht ohne Erfolg versucht für Sohlenleder in dieser Weise das Rendement zu erhöhen, indem man harzartige Substanzen verwandte, welche mit dem Eisenoxydhydrat Verbindungen eingehen, die das Leder zugleich wasserdichter machen, wobei das Rendement ein günstigeres wurde. Ganz ähnlich hat man es ja auch bei dem Chromleder versucht, durch Harzimprägnierungen das so gefürchtete Glitschigwerden der Chromledersohlen bei Nässe zu verhindern. So ist es möglich geworden, sowohl Eisensohlenleder wie Chromleder zu erzeugen, welche den Ansprüchen auch bei nassem Wetter genügen und beide Sohlenlederarten zeichnen sich bei sorgfältiger Herstellung durch große Haltbarkeit und lange Tragdauer selbst vor dem alten lohgaren Sohlenleder aus, welches bei den Grubengerbungen monatelange Arbeit in Anspruch genommen hatten. Zu den Eisenoxydgerbungen gehört auch die Gerbung mit den im

Handel erhältlichen Gerbestoffen Fereon C 1 und Fereon S, welche von der Firma Röhm & Haas in Darmstadt in den Handel gebracht werden. Der Darstellung werden die Angaben zu Grunde gelegt, welche die Firma den Gerbstoffen beizulegen pflegt. Zunächst werden die Blößen gebeizt und gepickelt und zwar mit einem Pickel welcher besteht in Prozenten vom Blößengewicht aus 100% Wasser, 10% Kochsalz und 2% konzentrierte Salzsäure. In diesem Pickel werden die Blößen 2 bis 3 Stunden lang gehaspelt. Der gebrauchte Pickel ist nicht weiter zu verwenden. Die Gerbebrühen sind in folgender Weise bereitet.

Man menge 10% Fereon S, 15% Fereon C 1, 1,5% rohe Schwefelsäure, oder statt dessen 2 1/2% rohe Salzsäure mit 10% Kochsalz und 300% Wasser, alles in Prozenten vom Blößengewicht und bewegt die Blößen darin 8 Stunden. Dann kommen sie für 12 Stunden auf den Bock, werden auf Durchgerbung untersucht und die nicht vollständig durchgegerbten Blößen fertig gegerbt. Bei der Herstellung der Gerbebrühen sind einige Vorsichtsmaßregeln anzuwenden.

Fereon C 1, Salz und Säure müssen zusammen aufgelöst werden in 100° heißem Wasser. Nach der Auflösung läßt man abkühlen.

Fereon S dagegen wird aufgelöst in 30° heißem Wasser und nach dem Auflösen mit 170% kaltem Wasser verdünnt. Die Lösung soll erst nach dem Abkühlen gemischt werden. Am besten werden die Ansätze am Abend vor der Gerbung bereitet und erst kurz vor dem Gerben gemischt. Die Fereon S-Lösung gießt man langsam unter ständigem Umrühren in die Fereon C 1-Lösung, aber niemals umgekehrt. Die Blößen sollten am Nachmittag gepickelt sein, worauf sie über den Bock geschlagen werden und der Pickel verworfen wird.

Trocknung und Lagerung.

Wenn die Leder gut durchgegerbt sind, werden sie ausgesetzt, von der Narbenseite aus mit Klauenöl abgeölt und vorsichtig getrocknet. Das trockene Leder sollte noch etwa 1 Woche an einem kühlen feuchten Ort lagern, **da erst in dieser Zeit nach der Gerbung die feste Bindung des Gerbestoffes mit der Unterhautfaser stattfindet.**

Broschieren und Neutralisieren.

Das Broschieren geschieht mit einer 5 prozentigen Kochsalzlösung und zwar verwendet man 10 mal soviel Lösung als trockenes Leder. Ist gut broschiert, so neutralisiert man mit der 5 fachen Menge 5 prozentiger Kochsalzlösung, der 2,5% Fereon weiß zugesetzt sind. Das Leder ist danach noch schwach sauer. Dann wird das Leder bei 50° C mit etwa 5% Lipon S gelickert. Das Fett wird erst innerhalb einer 1/2 Stunde aufgenommen. Dann werden die Leder ausgesetzt und wie üblich zugerichtet. Der Materialienverbrauch nach dieser Vorschrift ist also folgender:

Man gebraucht für 100 Kilo Blößen 10 Kilo Kochsalz, 2 Kilo konzentrierte Salzsäure, 1,5 Kilo Fereon C 1, 1,5 Kilo rohe Schwefelsäure, 10 Kilo Fereon S und 10 Kilo Kochsalz für die Neutralisierung. Alsdann noch 2,5 Kilo Fereon weiß und zur Fettung 5 Kilo Lipon S. Die Firma Röhm & Haas in Darmstadt gibt noch eine Kalkulation für die Herstellung von Fereon, welche natürlich nur mit Vorbehalt wiedergegeben werden kann.

100	Kilo	Fereon C 1 trocken	kosten	Schw	Frs	60.—
100	„	„ S	„	„	„	98.—
100	„	„ weiß	„	„	„	76.—
100	„	rohe Schwefelsäure	„	„	„	6.50
100	„	„ Salzsäure	„	„	„	3 50
100	„	Viehsalz	„	„	„	3.50
100	„	Lipon S	„	„	„	150.—

Demnach müßten die Kosten für die Gerbung von 100 Kilo Blößen betragen, soweit noch die Kosten der Gerbemittel in Betracht kommen.

4,5	Kilo	Salzsäure	Schw.	Frs.	0.15
20	„	Viehsalz	„	„	0.65
15	„	Fereon C. 1	„	„	9 —
10	„	Fereon S	„	„	9.80
2,5	„	Fereon weiß	„	„	0.25
5	„	Lipon	„	„	7.50

Es beträgt also die Summe der Kosten für alle Gerbstoffe für 100 Kilo Blößen Schw. Frs. 27,35. Besonders günstige Resultate bei der Gerbung mit Eisenoxydsalzen wollen die Chemischen Fabriken Weiler-ter-Meer mit ihren Cortannolen erzielt haben, unter Berücksichtigung des Grundsatzes, daß die Hydrolyse der basischen Eisenverbindungen möglichst zurückgedrängt werden müsse, ohne daß die Ferrisalze aus der Lösung verschwinden. Zu diesem Zwecke empfiehlt die Firma den Zusatz genügender Mengen Wasserstoffionen, die sie durch Zufügen von Ameisensäure erzeugt, sowie durch Anwendung verhältnismäßig wenig hydrolysierender Doppelsalze des Eisens, welche in genügend konzentrierter, nicht basisch gemachter Lösung im Beginn der Gerbung benutzt werden. Erst später werden die nötigen Mengen von Alkali zugesetzt, so daß die nicht basische Eisenlösung Zeit hatte, das gesamte Leder zu durchdringen. Ein Zusatz von Salzen des dreiwertigen Chroms soll ebenfalls die Hydrolyse der Ferrilösungen zurückdrängen und zwar in so geringer Menge, daß nicht eine vollständige Chromgerbung durch die Gerbebrühen erzeugt zu werden braucht. Der Patentanspruch erwähnt außerdem noch, daß die Cortannolgerbung die besten Resultate erzielt, wenn in der Gerbebrühe außer den Salzen des dreiwertigen Eisens und Chroms noch sauerstoffreiche Körper wie Glykose und andere Substanzen vorhanden sind, die durch Oxydation mittels chromsauren Salzen erhalten werden. Die Cortannole werden von der Firma Weiler-ter-Meer in Extraktform in den Handel gebracht, leider in allzu verschiedenen Marken, so daß die Gerbereien sich die für ihre Fabrikate passende Cortannole erst durch Gerbeversuche feststellen müssen. Die Cortannole sollen besonders geeignet sein für Oberleder bei Verwendung von Kalb- und Ziegenfellen, unter Umständen auch aus Schaf- und Kaninchenfellen, für Spaltleder, für Herstellung von Riemen und Militäreffektenleder. Für schwarz gefärbte Leder ist die Eigenschaft der Eisensalze, mit den Lohgerbestoffen dunkle Färbung zu geben, sehr willkommen. Muß aber die dunkle Färbung der Leder vermieden werden, so ist peinlichste Vorsicht bei der Eisengerbung am Platze, besonders bei Anwendung von pflanzlichen Gerbstoffen und können nur solche Pflanzengerbstoffe bei der Gerbung mit verwandt werden, die mit Eisensalzen nicht dunkel gefärbt werden. Gewisse Zelluloseextrakte erfüllen diese Bedingung. So hat die Rophil-Gesellschaft in Wiesbaden unter der Marke Hansa einen gerbstoffreien Zelluloseextrakt in den Handel gebracht. Die Frage der besten Füllung eisengegerbter Leder scheint aber dem Verfasser bisher noch nicht in befriedigender Weise gelöst worden zu sein. Er hat wiederholt darauf hingewiesen, daß sehr leicht bei der Eisengerbung harte Niederschläge entstehen, welche ein brüchiges, leicht reißendes Leder zur Folge haben und das die Verhinderung der Einlagerung von allzuviel Eisenoxydhydrat in das Leder eines der wichtigsten Probleme der Eisengerbung darstellt.

Die Färbung eisengegerbter Leder auf tiefschwarz erfolgt in besonders schöner Nuance in blauschwarz und braunschwarz. Wenn man neben der Verbindung des Eisens mit Lohgerbstoffen noch Anilinfarbstoffe in genügender Menge hinzusetzt, erhält man ein tiefes Schwarz. Z. B. wenn man nach Zusatz von 1% Renolschwarz G extra in einer 50° C warmen Lösung nachfärbt, nachdem man durch Lohgerbstoffe das Leder tüchtig vorgeschwärzt hat. Zum Fetten bei der Eisengerbung ist es nicht praktisch Tran zu verwenden. Weit besser haben sich die Fettbrühen, die mit Türkischrotölen versetzt sind, bewährt. Die Zurichtung des eisengegerbten Leders soll die gleiche sein wie bei chromgarem Leder, ist aber in der Praxis meist schwieriger. Handzurichtung ist ausgeschlossen, aber es können mit den modernen Lederbearbeitungsmaschinen gute Resultate erzielt werden. Recht kompliziert sind die Vorschriften, welche die Firma Weiler-ter-Meer für die Herstellung von brauchbarem Eisensohlenleder mit Cortannolen extra 5 gibt. Um jede Spur von Kalk bei den geäscherten Blößen zu entfernen, setzt man zu dem Spülwasser Milchsäure hinzu und zwar auf 100 Kilo Blöße etwa 600 g 50%ige Milchsäure, gelöst in 100 Liter warmem Wasser (35%ig). Nach der Behandlung mit Milchsäure werden die Blößen noch sorgfältig mit kaltem Wasser ausgewaschen. Die Säureschwellung wird fixiert in einem Aldehydbade, das durch 1600 g Formalin in 400 Liter Wasser bereitet ist und es werden die Blößen in diesem Aldehydbade gewalkt. Dann erst kommen sie in einen Alaunpickel mit 10 Kilo Alaun in 300 Liter Wasser und 10 Kilo Kochsalz. Die Blößen werden 2 Stunden lang in diesem Pickel gewalkt. Für die Gerbung löse man 50 Kilo Cortannole, 5,5 Kilo kalzinierte Soda und 25 Kilo Viehsalz in 1000 Liter 20° C warmem Wasser auf und haspelt die Blößen 10 Stunden lang. Dann setzt man 5 Kilo Cortannol in „Körnern" mit 5 Liter Wasser gelöst mit 1500 ccm Schwefelsäure von 60% Bé versetzt, die mit 600 g kalzinierter Soda abgestumpft wurde und gerbt weitere 5 Stunden. Die durchgegerbten Häute werden auf Böcke geschlagen und nach 36 Stunden mit 40% C warmem Wasser so lange gewaschen, bis das Kongopapier keine deutliche braune Färbung mehr anzeigt. Dann werden die Leder angepaßt und vorsichtig bei niedriger Temperatur getrocknet, zuletzt mit der Walzmaschine unter hohem Druck gewalzt. Sie dürfen nicht gehämmert werden, da bei diesem Verfahren die Eisenleder nicht wie andere Leder hart, sondern weich werden. Wie man sieht, sind die Verfahren der Eisengerbung für Sohlenleder nicht einfach. Es kommt noch hinzu, daß für den Praktiker das Wasserdichtmachen des eisengegerbten Sohlenleders durch Harzimprägnierung kein ganz leichtes Verfahren darstellt. Allerdings fehlt dem eisengegerbten Leder die unangenehme Eigenschaft des Chromsohlenleders, bei Nässe aufzuquellen und glitschig zu werden. Trotzdem empfiehlt sich der größeren Haltbarkeit und Wasserbeständigkeit wegen die Harzimprägnierung der Eisensohlenleder, die außerdem noch das Rendement des Sohlenleders erhöht, das heute leider noch nach Gewicht verkauft wird.

Kapitel III.

SELTENERE MINERALVERFAHREN.

Magnesium-Gerbung.

Allerneuesten Datums in der Gerbung ist die Verwendung von Hydroxyden des Magnesiums, welche allein oder in Kombination mit anderen Mineral-Gerbemitteln zur Lederherstellung verwendet werden sollen. Die Qualität der durch Magnesiumsalzgerbung hergestellten Leder scheint aber nach den Erfahrungen der Lederindustrie eine derartige unbefriedigende zu sein, daß man alle Gerbereien warnen muß, die im Versuchsstadium befindlichen Gerbungen mit Magnesiumsalz in ihrem Betriebe an Stelle alter ausgeprobter Methoden einzusetzen, wozu die große Reklame der neuen Magnesium-Gerbe-Patent-Inhaber gern verleiten möchte, wobei der Hinweis auf die Verbreitung der Magnesiumsalze und ihre Billigkeit natürlich sehr bestechend wirken. Es ist ja möglich, daß später einmal die Gerbung mit Magnesiumsalzen die Kinderkrankheiten überwunden haben wird und die Herstellung magnesiumgarer Leder empfohlen werden kann. Heute jedoch ist es sicher, daß selbst die Mitverwendung von Magnesiumsalzen bei anderen Gerbemitteln die Qualität des Leders nicht verbessert. Für die Kombination mit Eisengerbung hat sich die Firma Röhm & Haas in Darmstadt ein recht umfassendes Patent gesichert, welches für sie beansprucht die Verwendung irgendwelcher Salze des Magnesiums bei der Eisengerbung vor, während oder nach der Gerbung. Die Überwindung der Kinderkrankheiten der Magnesiumgerbungen wäre für Deutschland sehr wichtig, da Deutschland ja in den Staßfurter Meeresablagerungen beliebige Mengen dieses sonst chemisch unbenutzbaren Gerbemittels zur Verfügung stehen und es bisher ein technisch ungelöstes Problem war, was mit den riesigen Mengen Magnesiumablaugen eigentlich angefangen werden sollte. Leider besitzt der Magnesium-Hydrat-Niederschlag, welcher bei der Magnesiumgerbung sich zwischen die Kollagenfasern lagert und dort eine Art von Gerbung bewirkt, nicht die guten Eigenschaften, welche dem Hydrat des Chroms und gewisser anderer Metalle zukommen und nicht einmal die Qualität des alaungaren Leders ist bisher bei reiner Magnesiumgerbung erreicht worden. Als Zusatzfüllstoff soll aber den Magnesiumniederschlägen ihre Bedeutung für die Gerberei nicht etwa für die Zukunft abgesprochen werden, nur wird es nötig sein durch Kombination mit anderen Stoffen dem Leder diejenige Festigkeit zu verleihen, welche zu fördern wir durch die Chromgerbung gelernt haben. Bei dem unvollkommenen Zustande der heutigen Magnesiumgerberei soll davon Abstand genommen werden, die angepriesenen Rezepte in diesem Lehrbuch zu veröffentlichen. Es wäre durchaus zu begrüßen, wenn größere Gerbereien in ihren Versuchslaboratorien die Reifmachung der Magnesiumgerbung für die große Praxis bewirken würden. Es mag noch erwähnt werden, daß es genügt, die Lösungen irgendwelcher beliebiger Magnesiumsalze schwach basisch zu machen, um die Bildung der Magnesiumhydrate in fein flockiger Form, wie sie fur die Gerbung erforderlich ist, zu bewirken. Zusatz von Natrium, Borax, Soda, von Ammoniak sind zur Ausfällung geeignet. Man schlug aber auch vor, die Magnesiumgerbung in der

Weise zu bewirken, daß man die sauren Lösungen von Eisensalzen, Aluminiumsalzen oder von Chromsalzen mit unlöslichen Salzen des Magnesiums versetzt, wie Dolomit oder Magnesium-Karbonat, wobei die Magnesiumsalze in Lösungen gehen durch die Säure und die Bestandteile der Lösungen automatisch in die für die Gerbung notwendige kolloidale Form gebracht werden. Es sind dem Verfasser keine Versuche bekannt von offiziellen Stellen ausgeführt, welche nachweisen, daß sich nach diesen zum Patent angemeldeten Methoden den bisherigen besten Lederarten gleichwertige Ledersorten erzeugen lassen. Die Billigkeit der Magnesiumsalze könnte also leicht zur Herstellung technisch minderwertiger Lederarten verführen, was im Interesse des Rufes der deutschen Lederindustrie sehr zu bedauern wäre. Die Qualität des Leders ist als wichtiger anzusehen als die Billigkeit der Gerbung.

Gerbung mit selteneren Metallen mit Ausnahme von Aluminium Chrom und Eisen.

Es gibt kaum irgendein Metall, welches sich mit drei einwertigen Atomen verbinden kann, dessen Salze nicht auf Gerbewirkung untersucht worden wären. Die Salze des Nickels und Kobalts verhalten sich durchaus ähnlich wie die Salze des Eisens. Des hohen Preises wegen kommen sie für die praktische Gerberei nicht in Frage. Wie beim Eisen kann man die an die Häute unauswaschbar gebundenen Salze des Nickels und Kobalts durch Säuren wieder in lösliche Salze überführen. Versetzt man wie bei Chrom und Eisen Kobalt und Nickel mit Alkalien, welche die Salze in basische Komplexe überführen, dann üben diese basischen Salze eine eigentliche gerbende Wirkung aus, wie die Eisensalze. Auch die neutralen Schwefelverbindungen des Kobalts und Nickels gerben Häute und Gelatine. Es muß an dieser Stelle betont werden, daß kein Salz eines dreiwertigen Metalls bekannt ist, welche die gleichen guten Eigenschaften dem Leder zu verleihen imstande ist, wie wir sie bei der Gerbung mit den Salzen des Chroms kennen. Es erscheint daher für die Praxis wenig aussichtsvoll Versuche in großem Maßstabe mit den Salzen neuer oder wenig angewandter dreiwertiger Metalle zu machen. Namentlich in wissenschaftlichen Versuchen ist festgestellt, daß kein in qualitativer Hinsicht besseres Resultat zu erwarten ist, als bei den Chromsalzen. Es kann nicht gesagt werden, daß unter solchen Verhältnissen die Salze der Metalle und Elemente, welche in Monazitsandrückständen enthalten sind, sich kein Bürgerrecht in der Gerberei erobern könnten. Die Einführung der Edelerden aus Monazitsandrückständen für die Gerbung wird von kapitalkräftigen Firmen betrieben, da es bisher nicht gelungen ist, für die Monazitsandrückstände, denen das wertvolle Thorium zwecks Herstellung von Glühkörpern entzogen ist, ein aussichtsvolles Absatzgebiet zu erobern. Obwohl der Monazitsand vor dem Kriege als Ballast für Schiffe in großen Mengen nach Deutschland verfrachtet worden war, sind die Rückstände doch viel zu teuer, als daß sie als Gerbereigrundstoff ernsthaft in Betracht gezogen werden können. Die Rückstände bestehen aus wechselnden Mengen von Oxyden und kohlensauren Verbindungen, des Didym, Lanthan und anderer Edelerden. Fast die Hälfte des Rückstandes bilden die Salze des Zers. Die gerbende Wirkung der Salze des Zers übertrifft in keiner Weise die gerbende Wirkung der Salze des Aluminiums. Auch bei den wissenschaftlich inertessanten Versuchen über die gerbende Wirkung der Edelerden stellt es sich heraus, daß den sauren Salzen an sich sämtlich keine gerbende Wirkung zukommt. W. Eytner berichtet in der Zeitschrift „Der Gerber" im Jahre 1911 Nr. 887 und im Kollegium Seite 455 1911, daß er außerordentlich mangelhafte Resultate erhalten hat bei den Versuchen mit Zertrikchlorid zu gerben. Dieses Salz verwandelt die Haut nicht in Leder, sondern in eine Schwarte, welche wie Gummielastikum aussieht.

Nach Dr. Fahrion „Neue Gerbmethoden und Gerbetheorien", Verlag Vieweg & Sohn, 1915, Seite 142 war aber an diesen schlechten Resultaten Eytner selber schuld, denn F. Garelle wies im Kollegium 1912, Seite 418 darauf hin, daß man mit Zersalzen ein der Alaungerbung gleichwertiges Produkt erhalten könne, wenn man die Lösungen richtig ansetzt. Außer dem dreiwertigen Zer gibt es auch noch die Salze des vierwertigen Zer, denen eine viel stärkere Gerbewirkung zuzukommen scheint, als den Salzen des dreiwertigen Zer. Die stark fällende Wirkung der Salze des vierwertigen Zer auf Gelatine wies bereits auf diese höhere Gerbefähigkeit hin. So vermag nach Lüpppo-Kramer vierwertiges schwefelsaures Zer selbst eine zitronensaure Gelatinelösung zu koagulieren, und Garelli fand ferner, daß auch die anderen Zerisalze bedeutend energischer gerben, als die Zerosalze.

Bromgerbung.

Die Bromgerbung findet sachgemäß ihren Platz bei der Mineralgerbung.

Nach Meunier und Seyewitz (s. Krais Werkstoffe I. S. 153. Verlag von Johann Ambrosius Barth, Leipzig 1921) werden hundert Kilo Blöße für einige Stunden mit einer Gerbebrühe von 10 Kilo Kochsalz und 6 Liter Bromum purum in 500 Litern Wasser behandelt. Nach der Gerbung, die in einigen Stunden beendet ist, wird das Leder zunächst im Haspelgeschirr gut ausgewaschen und zur Entfernung der letzten Spuren von Brom mit einer dünnen Lösung von Natriumbisulfitlösung nachbehandelt. Die Bromgerbung bedarf noch der weiteren wissenschaftlichen wie praktischen Durcharbeitung. Für die Angerbung von Pelzen aller Art erscheint die Bromgerbung nicht ganz aussichtslos, ebenso als Kombinationsgerbung mit Eisen, Chrom, Alaun oder Magnesiummineralgerbung. Für sich allein läßt sie das Leder völlig leer, es müßte daher eine Art Nahrung, wie bei der Glacégerbung, reichlich zugesetzt werden, wenn ein volleres Leder erzielt werden soll. Brom färbt Stärkekleister orange und kann daher mit Stärke als Reagenz erkannt werden. Der erstickende Geruch, selbst bei Anwesenheit kleinster Brommengen, ist der Anwendung in der Praxis sehr hinderlich.

Bei Ausfällung des Silberoxydes bei Silbersalzen mit Gelatinelösung tritt Gerbewirkung ein, und es entsteht ein weißes Kolloid mit Silberoxyd, während vorherige Reduktion des Silberoxyds zu dem dunklen Silberhydroxyd die Gerbewirkung wieder aufhebt. Entsprechend der starken Gerbewirkung des Sauerstoffs gerbt Silbersuperoxyd viel stärker wie Silberoxyd. Es gehört dieses Salz zu den stärksten Mineralgerbemitteln. Durch Persulfat und andere Persalze kann man aus Silbersuperoxyd Silberoxydhydrat herstellen. Es scheint noch nicht versucht worden zu sein, ob nicht durch Bleisuperoxyd die Häute wie beim Silbersuperoxyd in sehr vollkommener Weise gegerbt werden können. Der Verfasser möchte solche Untersuchungen anregen, da das Bleisuperoxyd zu den leicht beschaffbaren Metallverbindungen gehört.

Fahrion, dem wir die obigen Ausführungen entnommen haben, erklärt die stärkere Gerbewirkung des Silbersuperoxyds auf folgende Weise: genau wie bei der Sämisch-Gerbung reagiert das Kollagenmolekül zunächst vermittelst seiner basischen Gruppe mit dem aktiven Sauerstoffatom, um alsdann später mit dem Reste des Superoxyds zu einer chemischen Komplexverbindung zusammenzutreten. Obwohl Untersuchungen vorliegen im Chemischen Zentralblatt 1908, Seite 93, sowie im Kollegium 1908, Seite 24 über die gerbende Wirkung von Quecksilberoxyd und Kupferoxyd, scheint dem Verfasser doch notwendig weitere wissenschaftliche Untersuchungen in dieser Richtung zu empfehlen. Ähnlich wäre zu untersuchen die Gerbewirkung derjenigen Metallsalze, welche wie das Sublimat zu den besten Fällungsmitteln der Eiweißkörper gehören. Eine Untersuchung der Niederschläge von Gelatine und Sublimat könnten Aufschluß darüber geben, ob man imstande ist, zwischen der gerbenden Wirkung eines solchen Metallsalzes und der eiweißfällenden Wirkung eines Salzes überhaupt zu unterscheiden.

Trotz der teuren Preise der Zinnsalze hat sich Zacharias ein Reichspatent geben lassen, Nr. 144093, welches die Gerbung mit Zinnsalzen schützt, von denen er Zinnchlorid, Pinksalze und andere anführte. Er glaubt, daß die Gerbung auf eine Einlagerung von Zinnhydroxyd zwischen die Hautfasern zurückzuführen sei. Die Häute müssen nach der Zinngerbung sorgfältig entsäuert werden. Eine Einführung in die praktische Gerberei ist nicht zu erwarten.

Es fehlen bisher noch ausreichende Untersuchungen über die gerbenden Einwirkungen der Zinksalze, welche ihres billigen Preises wegen allein noch am ehesten für die praktische Gerberei in Frage kämen. Auch für die Gerbungen mit Zinksalzen müssen wir wie bei der Eisengerbung die Forderung aufstellen, daß sie bessere Resultate ergeben als die Chromgerbung, oder daß bei genau gleichen Qualitäten die Gerbung leichter oder billiger zu bewirken sei.

Kapitel IV.

DER HÄUTEEINKAUF.

Die Rohware.

Die rohe Haut oder das rohe Fell in grünem Zustande ist ein anderes Rohmaterial als eine gesalzene Haut oder getrocknetes Fell, und es ist eine durchaus andere Nachbehandlung erforderlich, um eine getrocknete Haut in den der rohen Haut ähnlichen Zustand zurückzuversetzen als eine gesalzene Haut. Bei der Auswahl zur Mineralgerbung sollte besonders beim Einkauf auf gleichmaßige Dicke der zu gerbenden Häute gesehen werden. Durchaus nicht gleichgültig ist die Art der Schlachtung, indem mangelhaft abgezogene Häute unvergleichlich mehr Abfälle liefern, als tadellos abgezogene Häute, bei denen der Schlächter bereits auf die spätere Gerbung Rücksicht genommen hat.. Namentlich in Nordamerika wird in den großen Schlachthäusern auf sorgfältiges und genaues Abziehen großer Wert gelegt. Es kommen daher die besten Häute für die Gerbung aus den nordamerikanischen großen Schlachthäusern.

Wenn früher geglaubt wurde, daß nur getrocknete Felle und Häute sich zur Mineralgerbung eignen, so ist diese Ansicht dahin zu berichtigen, daß in geeigneter Weise nachbehandelt auch grüne oder gesalzene Felle sehr gut für die Mineralgerbung geeignet sind und sogar ein griffigeres und volleres Leder ergeben, als die getrockneten Felle und Haute. Man ist auch davon abgekommen, Kalbfelle, die früher nur trocken gehandelt wurden, fernerhin so zu behandeln und der größte Teil der Kalbfelle wird jetzt gesalzen gehandelt und in Arbeit genommen. Die Häute und Felle von Tieren, die krankheitshalber getötet werden mußten oder verendeten, sollen stets von Fellen gesunder Tiere getrennt bleiben. Die Felle von Tieren, welche aus unwirtlichen Gegenden stammen oder mangelhaft ernährt sind, geben niemals so ein gutes Leder wie die Felle von Tieren, die gut gefüttert wurden und aus kultivierten Gegenden stammen, so sollten für die Mineralgerbung nur die letzteren zum Einkauf gelangen und die oben beschriebenen mangelhaften Felle der Lohgerbung überlassen werden. Es ist durchaus zu verwerfen, Häute, die bald der Gerbung unterworfen werden sollen, im Winter gefrieren zu lassen, weil dadurch Beschädigungen der Häute unvermeidlich sind. Hauptbedingung für die richtige Konservierung des frischen Rohmaterials ist die Verhinderung der Fäulnis durch Entziehung des Wassers auf dem schnellsten Wege. Während man früher trocknete, salzte oder räucherte, ist heutzutage das Salzen die meist angewandte Konservierungsmethode. Das Räuchern ist gänzlich abgekommen und das Trocknen lange nicht mehr so beliebt wie früher. Bei getrockneter Rohware muß man darauf achten, daß das ganze Material auch wirklich den genügenden Grad von Trockenheit behalten hat. Nicht ganz trockene Häute oder Felle müssen sofort zum völligen Austrocknen auseinandergelegt bezw. aufgehängt werden, wo dies nicht geschieht, tritt Fäulnis ein und es zeigen sich bald verstunkene Stellen. Beträchtliche Lederfehler entstehen ebenfalls, wenn nicht genügend getrocknete Häute oder Felle in größeren Stapeln aufeinandergehäuft oder in Ballen fest zusammen geschnürt längere Zeit liegen gelassen werden. Es entwickelt sich dann allmählich unter Bakterieneinfluß eine höhere Temperatur, bei welcher die feuchten oder feuchtgewordenen eiweißhaltigen Substanzen koagulieren, d. h. sich zu einer unlöslichen Masse umformen, und es ist ein gänzliches Erweichen solcher Felle während des Gerbens ausgeschlossen. Das Leder wird und bleibt „blechig". Derartige Stellen, die nach der Gerbung sehr unangenehm auffallen, werden mit „erhitzt" bezeichnet. Eine bei Wildhäuten häufig auftretende Erscheinung ist das „verbrannt" sein, welches eintritt, sobald die Rohhäute oder Felle in direkter Sonnenglut getrocknet werden, wobei das in ihnen enthaltene Fett durch die Sonnenhitze geschmolzen in die Haut eindringt, die Eiweißsubstanzen zur Gerinnung bringt und durch Festbacken und Zusammenschrumpfen die Nachbehandlung eines gleichmäßigen Leders unmöglich macht.

Felle, die sehr stramm aufgenagelt oder gespeilt sind, erhalten leicht Sprünge im Narben, wenn sie sehr rasch getrocknet werden, weshalb diese Felle beim Einkauf sehr genau betrachtet werden müssen. Man muß diese für Narbenlederfabrikation verwerfen, kann sie aber für narbenlose Lederarten sehr gut verwenden. Hält der Einkäufer die besagten Stellen gegen das Licht, so kann er gesprungene oder geplatzte Narben meist gut erkennen.

Gesalzene Häute und Felle.

Bei gesunden gesalzenen Fellen und Häuten soll die Fleischseite klar und rein sein, sowie frei von Blutlacke. Die Haarseite soll ohne Nässe mit glatt und festaufsitzenden Haaren und ohne intensiven Geruch sein. Bemerkt man dagegen auf der Aasseite schmutzige blutunterlaufene Flecken, hat die Haarseite haarlose Stellen oder ist naß und von sandigem Gefühl, dann kann man überzeugt sein, daß ein zu spätes oder nicht genügendes Salzen stattgefunden hat und daß später bei der Gerbung sich die sogenannten Salzfehler herausstellen werden. Die allzu dünne Salzlösung hat das in Lösung gegangene Eiweiß durch die Oberhaut austreten lassen, wodurch im Innern der Haut eine gewisse Leere bleibt. Bei zu schwacher Salzlösung tritt außerdem faulige Gärung ein und die Zerstörung beginnt. Ist dies geschehen, dann hilft Kochsalz nicht mehr, sondern es müssen antiseptische Substanzen angewandt werden, welche dem Mineralgerbeprozeß nicht hinderlich sind. Sehr gut eignet sich das „Chlorzink" ZNCL 2 in einer wässrigen Lösung. Man nimmt 1 Liter 33 %ige Chlorzinklösung auf 1 cbm Wasser. Die rohen Felle werden in diesem Bade gehaspelt, damit die Lösung überall hinein kommen kann. Durch diese antiseptische Lösung wird die weitere Fäulnis verhindert. Überall wo beim Gerben sogenannte Rostflecken entstehen, d. h. Stellen von hochroter, rosa oder auch rostbrauner Farbe, haben die Eiweißsubstanzen der Häute bereits begonnen zu leiden. Echte Rostflecke entstehen überall auf den rohen Häuten da, wo solche mit verrostetem Eisen zusammengekommen sind. Besonders feuchte Haut nimmt den Rost sehr leicht an und bieten derartige Häute dem Gerber sehr unangenehme Aufgaben, da das Eisen zu schwer entfernbaren Flecken Veranlassung gibt. Bei der Eisengerbung selber sind derartige Rostflecken allerdings nicht zu befürchten, wohl aber bei der Lohgerbung. Gesalzene Häute, welche in Packungen in die Gerbereien kommen, müssen sofort auf ihren Gesamtzustand untersucht und in der Weise flach auseinandergelegt werden, daß der Rücken seiner ganzen Länge nach höher liegt, so daß die Feuchtigkeit ablaufen kann. Bemerkt man einen Salzmangel an den eingekauften Häuten, so müssen die Häute durch Abtropfen von den alten Salzen befreit werden und alsbald mit frischem körnigen Salz nachgesalzen werden.

Lagern getrockneter Häute und Felle.

Das Lagern der getrockneten Häute und Felle muß unter allen Umständen in luftigen, trockenen Räumen geschehen.

Die Ware wird nach Gewicht, Stärke, Geschlecht und Stellung sortiert und nach Nummern gesondert auf Haufen gelegt. Minderwertige Häute, mit Schnitten versehen, Löchern oder beschädigt, werden als Ausschuß heraussortiert. Köpfige und unköpfige Felle werden ebenfalls getrennt gehalten. Für die Mineralgerbung ist wichtig, daß in jedem Haufen ein Fell dem anderen an Stärke, Stellung und Gewicht ziemlich gleich ist. Das Lagern der trocknen rohen Häute darf nicht in hohen Haufen geschehen, sondern nur in kleinen Stapeln, jeder Stapel freistehend, d. h. mit einem hinreichenden breiten Zwischenraum vom nächsten Stapel entfernt, damit genügender Luftzug vorhanden und eine Prüfung von allen Seiten möglich ist. Diese Stapel müssen alle 8 Tage gewendet werden, bis man ganz sicher ist, daß keine Ausdünstung mehr stattfinden kann und keine weitere Erwärmung mehr zu befürchten ist. Ist alles in Ordnung, können die nunmehr ganz trockenen Häute in größere Haufen umgestapelt werden. Mit Eintritt der wärmeren Jahreszeit entwickeln sich die Schaben, ein bekannter großer Feind der Häute, und es ist eine Hauptsorge, dies Ungeziefer fern zu halten. Früher klopfte man zu diesem Zweck sämtliche Häute und getrocknete Felle jede Woche mindestens einmal sorgfältig aus, wobei vorhandenes Ungeziefer herausfällt. Die am Boden liegenden Maden, zusammengefegte Schaben, Würmer und Eier werden am besten durch kochendes Wasser vernichtet oder gleich verbrannt, dagegen dürfen sie nicht auf Kehricht und Dunghaufen geworfen werden, da sie dort weiter vegetieren und von da aus neuen Schaden anrichten würden. Man setze das wiederholte Ausklopfen bis zum Eintritt der kälteren Jahreszeit fort. Eine moderne Methode der Schabenbekämpfung besteht in dem Ausräuchern derselben mit tötenden Dämpfen, wie z. B. Schwefelkohlenstoff. Die Anwendung dieser Mittel erfordert allerdings große Vorsicht, da das Mittel für den Menschen selber giftig ist. Dafür gelingt es aber die allergrößten Häutelager mit aller Sicherheit durch Vergasung frei von allen Lebewesen zu erhalten und man kann sich das ständige Ausklopfen ersparen. Im Lagerraume ist für möglichst intensiven Luftzug zu sorgen, dagegen muß feuchte Luft ausgeschlossen werden durch Schließen der Öffnungen. Wird nach diesen Vorschriften verfahren, so wird man sich ein tadelloses Material für die Mineralgerbung gesichert haben.

Kapitel V.

DIE VORBEREITUNGSARBEITEN FÜR DIE MINERALGERBUNG.

Die Auswahl der Felle für die Mineralgerbung.

Für eine ganze Reihe von Mineralgerbungen müssen die hierfür bestimmten Felle sorgfältiger unter den vorhandenen Häuten ausgesucht werden, als es bei der Lohgerbung erforderlich ist, da bei einer ganzen Reihe von Mineralgerbungen sich die Häutefehler unangenehmer und störender bemerkbar machen als bei der letzteren. Namentlich für die Chromgerbung und besonders für diejenigen chromgegerbten Lederarten, bei welchen feine Färbung des Leders erzielt werden soll, gilt die Mahnung, nur bestes Häutematerial zu verwenden. Ist die Chromgerbung nicht geglückt, wegen fehlerhafter Beschaffenheit des Blößenmaterials, dann ist es häufig notwendig, das ganze Material zu verwerfen, weil eine nachträgliche Verbesserung schwer möglich ist, während bei der Lohgerbung selbst minderwertiges Hautmaterial, auch wenn es bei der Weiche durch Fäulnis gelitten haben sollte, sich durch die Kunst des Gerbers noch in verkaufsfähiges Leder verwandeln läßt.

Die Wasserwerkstatt.

Hat man gutes Material für die Mineralgerbung ausgesucht, so gilt es, noch möglichst gleichartig starke Häute zusammen zur Gerbung zu bringen. Dem Wässern ist außerordentliche Sorgfalt zuzuwenden, besonders im Sommer, wo die Zersetzung häufig so rasch fortschreitet, daß in wenigen Stunden kostbares Material durch Fäulnis vollständig verloren gehen kann. Gesalzene Häute weichen im allgemeinen weit besser als getrocknete Häute, bei welchen es zuweilen nötig ist, bereits beim Wässern sogenannte Anschärfungsmittel zuzusetzen, wie z. B. Schwefelnatrium in alkalischer Lösung, welches das Aufweichen erleichtert und beschleunigt. Wo kühles Wasser auch in der heißen Zeit vorhanden ist, braucht man Verderben beim Weichen nicht zu befürchten. Dagegen sind alle Flußwasser mit größter Vorsicht zu betrachten. Nach dem Aufweichen, bei welchem die Häute bereits eine gewisse Reinigung erfahren haben, erkennt man erst die wahre Beschaffenheit der eingekauften Häute und muß für die Mineralgerbung noch ungeeignete Teile des Materials heraussondern.

Äscherung der Häute.

Die Äscherung der Häute für Mineralgerbung wird gewöhnlich in 2 Stufen durchgeführt, indem die Häute zunächst in einen angeschärften Äscher und darauf erst in den Weißkalkäscher gebracht werden. Für 100 Kilo Rohgewicht der Häute wird der angeschärfte Äscher angesetzt mit 15 Kilo Ätzkalk und soviel Wasser, als erforderlich ist, um die Häute völlig zu bedecken. Ein Zusatz von 1 kg Schwefelnatrium unterstützt die Äscherwirkung des Kalkes. In diesem Äscher bleiben die Häute so lange liegen, bis sie haarlässig geworden sind. Nach 3 Tagen können sie normalerweise den Äscher verlassen, dauert es länger, dann war ein Fehler beim Weichen vorgekommen. Aus dem ersten Äscher kommen die Häute in einen Weißkalkäscher, bei dem ebenfalls für 100 kg Haut 15 kg Ätzkalk verwendet wurde, aber kein Schwefelnatrium zugesetzt worden war. In diesem zweiten Äscher bleiben die Häute 3 Tage liegen, bis sie die für die Weiterverarbeitung erforderliche sogenannte Äschergeschwulst haben. Damit ist die Äscherung beendet. Der Weißkalkäscher dient mit Schwefelnatrium angeschärft als erster Äscher, für eine weitere Partie von Häuten, wobei die bei der Äscherung ausgelaugten Bakterien und Fermente den Äscherungsprozeß wesentlich unterstützen. Bei Verwendung von Ätzkalk ist darauf zu achten, daß der Kalk sorgfältig gelöscht werden muß, da durch ungelöschte Teile verbrannte fehlerhafte Stellen in dem kostbaren Häutematerial entstehen können. Die Temperatur hat einen großen Einfluß auf den Äscherungsprozeß, der stets in kühlem Raume vorgenommen werden soll. Die Temperaturschwankungen sollen 15—20° C nicht übersteigen. Zu hohe Temperaturen bedingen überflüssige Verluste an Hautsubstanz, zu niedrige Temperatur verlängert unnütz die Äscherdauer. Geäschert wird in den sogenannten Äschergruben. Dann müssen die Häute täglich einmal umgelegt werden, damit die Flussigkeit an allen Stellen mit Sicherheit hineingelangen kann. Man kann aber auch in Haspelgeschirren äschern, die mehrere Male am Tage bewegt werden. Man muß allerdings darauf achten, nicht zu viel zu haspeln, da man sonst Verluste an Hautsubstanz erleidet.

Moderne Äschermethoden.

An die Seite der seit alters her üblichen Kalkäscherung tritt heute die Äscherung mit Präparaten, welche durch Fermente die gleiche Wirkung erzielen, wie der Kalk durch seine Ätzwirkung. Unter den Namen Ara-Äscher bringen Firmen Präparate in den Handel, wie Arazym und Arapaly, welche die Äscherwirkung mit einer gewissen Beizwirkung vereinigt und bedeutend weniger Äschermaterial verlangt als die Kalkäscherung, selbst wenn diese durch Schwefelnatrium verschärft wurde. Immerhin muß betont werden, daß trotz der Verbreitung dieser modernen Äschermittel der größte Teil der Gerbereien auch für die Mineralgerbung sich noch der alten oben angegebenen Äschermethode bedienen, nur daß in einzelnen Fällen, wo es sich darum handelt die Haare der Felle wieder zu verwerten, das Schwöden an Stelle des Äschern geübt wird. Bei dem Schwöden werden die Häute auf der Haarseite mit einem Brei von gelöschtem Kalk, Schwefelnatrium und Wasser bestrichen.

Weiterverarbeitung nach der Äscherung.

Es ist zweckmäßig, die geäscherten Häute in einem Haspelgeschirr oder in einem Walkfaß für 1/2 Stunde zu läutern, wobei beim Walken im Faß der größte Teil der Haare entfernt wird, so daß durch die Handarbeit auf dem Baum nur noch nachgearbeitet zu werden braucht, falls man es nicht vorzieht, die Enthaarung durch eine moderne Enthaarungsmaschine vornehmen zu lassen. Nach dem Enthaarungsprozeß werden die Häute mit kaltem Wasser gewaschen, am besten im Haspelgeschirr, und dann mit einer modernen Entfleischmaschine entfleischt. Nach dem Entfleischen werden die Häute Blößen genannt und ihr Gewicht von neuem festgestellt. Das Blößengewicht ist maßgebend für die Gewichtsbestimmung der beim Gerben benötigten Substanzen.

Beizen.

Alle für feinere Leder bestimmten Blößen werden gebeizt. Die Beizung hat den Zweck, einen guten Narben zu erzielen, Gneist und Schmutz aus den Blößen zu entfernen und die Poren der Haut für die Aufnahme der Mineralsalze geeigneter zu machen. In früherer Zeit beizte man mit sehr unappetitlichen Mistbeizen und man verwandte zur Herstellung entweder Hundekot oder Vogelmist. Später ging man dazu über, diese unappetitlichen und unhygienischen Stoffe fortzulassen oder zu ergänzen durch Bakterienreinzuchten, weil man erkannt hatte, daß die Beizwirkung auf einer Wirkung der Mistbakterien beruhte. Eine Reihe von Firmen bringen Präparate wie Erodin und andere Beizen als Ersatz der Mistbeizen in den Handel unter verschiedenem Namen.

Die modernste Form der Beizung, welche besonders sauber und hygienisch einwandfreier ist, geschieht aber mit dem von der Firma Röhm & Has in den Handel gebrachten Präparat „Oropon", welches in sehr vielen Gerbereien die veralteten Mistbeizverfahren völlig verdrängt hat. In früherer Zeit diente als ein gewisser Ersatz für die Mistbeize die sogenannte Kleienbeize. Die Kleienbeize war aber nicht für alle Lederarten brauchbar und die Beizwirkung jeder Lösung wechselte derartig mit den verschiedenen Bakterien, daß große Erfahrung nötig war, um auch die gewünschte Beizwirkung erkennen zu können. Paßte man nicht genau auf, so trat eine Überbeizung ein, was einen losen Narben zur Folge hatte, der den Wert des Leders sehr herunterdrückt. Wegen seiner genauen Dosierbarkeit, Sauberkeit, raschen und energischen Wirkung hat sich das Oropon trotz der bekannten konservativen Zähigkeit der Gerbereien gut in die Praxis eingeführt. Man braucht, um eine gute Beizwirkung zu erzielen, für 100 kg Blößen nicht mehr als $^1/_2$ kg Oropon.

Moderne Kunstbeizen.

Durch Zusammenarbeit eines englischen Lederfabrikanten I. K. Wood mit den Professoren Eitner und Becker gelang es, zur Vermeidung der unappetitlichen Kotbeizen eine Kunstbeize herzustellen, die an Wirkung den Kotbeizen nicht nachsteht, deren Einführung sich aber durch ihre unvergleichlich größere Sauberkeit und Exaktheit empfiehlt. Die künstlichen Beizen enthalten eine Reinkultur eines von Dr. Becker gezüchteten Pilzes, der Bacillus erodiens genannt wurde. Dieser ist auf frischem Mehl und anderen Nährböden leicht zum Wachsen zu bringen.

Purgatol,

das nach ihren Entdeckern und Fabrikanten der Firma Dr. G. Eberle in Stuttgart, Anhydride kalklösender organischer Säuren, außerdem Laktone und Laktide enthält, wurde früher nur als ein Entkälkungsmittel angesehen. Später zeigte es sich, daß das Präparat auch als Beizenersatz und besonders als Ersatz für Tauben-, Kleie- und Hühnermistbeizen brauchbar ist. Bei Mineralleder ist das Präparat ebenfalls gut zu verwenden. Bei Kalbfellen nimmt man etwa 25 kg Purgatol in 4000 Liter 40 ° C warmem Wassers, darin haspelt man die Blößen etwa 1 Stunde. Für jede weitere Partie wird mit 20 kg Purgatol aufgebessert und die Beize auf 40 ° C gehalten. Man kann mit den oben angegebenen Mengen etwa 50 kg schwere Felle oder 90 kg leichte Felle beizen. Nach der Beize müssen die Blößen im Faß mit lauwarmem Wasser kurz ausgewaschen werden, ehe sie dem Pickel zugeführt werden.

Oropon.

Die von Dr. Röhm u. Haas in Darmstadt erfundene und in den Handel gebrachte Kunstbeize Oropon, besteht in der Hauptsache aus der Bauchspeicheldrüse geschlachteter Tiere, außerdem Salmiak und einem neutralen Füllstoff, nämlich Holzmehl. Die Fermente der Bauchspeicheldrüse vermögen die elastischen Fasern aufzulösen und das Fleisch anzugreifen, wodurch dann die Zurichtung erleichtert wird. Bei allzu langer Einwirkung würde eine völlige Verdauung und Auflösung der Blößen eintreten. Oropon reagiert alkalisch, da das Präparat auf die Blößen nur bei dieser Reaktion eine auflösende Wirkung entfaltet und ist im trocknen Zustande lange Zeit unverändert haltbar.

Esko-Beize.

Das Präparat Esko der Firma C. Stickelberger & Co. in Basel und in Haltingen (Baden), ein weißes Pulver, bestehend aus einer Bakterienkultur ähnlich dem Erodin, kommt vor allem für die Mineralgerbung als Ersatz für eine kombinierte Vogelmist- und Kleienbeize in Betracht. Für die verschiedenen Lederarten werden jetzt von oben genannter Firma Präparate von verschiedener Wirksamkeit in den Handel gebracht, da es einleuchtet, daß für ein Teil Schwergewichtleder ein anderes Quantum erforderlich ist, als fur leichtes Spaltleder.

Diastaphor-Beize.

Aus Malzkeimen stellt eine Wiener Firma Hauser & Sobotka in Stadlau in Wien ein Präparat als dicken Sirup her, der die Hautsubstanz nur wenig angreift, während das Präparat eine den Fermenten aus Malzkeimen ähnliche Wirkung auf Stärke und Kohlenhydrate ausübt. Im Gegensatz zu Oropon wirkt Diastaphor in saurer Lösung und erzielt dadurch eine Schwellung der Blößen und des Narbens. Bei der Mineralgerbung kann Diastaphor für schwere Leder empfohlen werden. Für die leichteren Lederarten kann dagegen in den meisten Fällen das Oropon als Kunstbeize nicht ersetzt werden.

Dr. Röhm's „Ara-Aescher" zur Herstellung gerbfertiger Blößen aller Art.

Zur Ausübung des Verfahrens braucht man zwei Chemikalien. Dr. Röhm's Arapali und Dr. Röhm's Arazym. Arapali ist ein weißes Pulver, das in Wasser leicht löslich ist und an der Luft zerfließt. Arazym ist ein gelbliches Pulver, das die Enzyme der Bauchspeicheldrüse enthält. Arapali in einem ersten Bad angewandt, hat auf die Häute und Felle eine schwellende und äschernde Wirkung, während Arazym in einem zweiten Bad die eigentliche Haarlösung und gleichzeitig die Wirkung der Beize, d. h. Abschwellung und Schmutzlösung besorgt. Bei einer besonderen Ausführungsform des Ara-Aeschers wird die Abschwellung unter Mitverwendung von Salzsäure bewirkt. Statt Arapali kann auch Natronlauge oder Kalilauge zur Anwendung kommen. Arapali ist aber vorzuziehen, da es eine mildere Schwellung bewirkt.

Durch den Ara-Aescher entstehen nicht nur gut geäscherte, sondern zugleich schmutz- und grundhaarfreie Haarblößen ohne Kalk, ohne Schwefelnatrium, ohne Arsenik, ohne Gärung und Fäulnis, ohne Geruchsentwicklung, ohne daß nachher noch eine Beize nötig wäre.

Die Vorteile des Ara-Äschers sind: Kurze Äscherzeit, gut erhaltene Haare, kein Rauhwerden der Blößen, keine Kalkschatten, kein Schlamm, keine Gifte im Abwasser, giftfreies Leimleder, zur Fabrikation von Speisegelatine verwendbar, Schonung der Hände der Arbeiter. Der Ara-Äscher ist hygienisch einwandfrei, er vermindert die Milzbrandgefahr, die Blößen werden reiner und aufnahmefähiger für den Gerbstoff, neutral ohne Beize. Das erzeugte Leder ist zäher, heller und voller. Das Rendement ist höher.

Je nach der Schwelldauer im Arapali und der Haaräscherdauer im Arazym läßt sich eine lockere, stark gebeizte Blöße oder eine kernige, feste Blöße erzielen. Man braucht für 100 kg geweichte Häute oder Felle zwischen 2 und 6 kg Arapali und zwischen 2 und 5 kg Arazym.

Der Ara-Äscher eignet sich für alle Rohfellsorten, sowie für alle Lederarten. Es läßt sich damit die Äscherung bewirken für Glacéleder, für Chromleder, für lohgares Oberleder und Unterleder. Auch hartnaturiges Rohmaterial läßt sich nach dem Verfahren sehr gut verarbeiten. Für Eisenleder ist Ara-Äscher besonders zu empfehlen.

Pickelung.

Wenn die Blößen aus der Beize kommen sind sie noch kalkhaltig und kommen deshalb vor der eigentlichen Gerbung noch in einem Pickel, in dem sie vorgegerbt und die Reste des Kalkes entfernt werden. Zu einem sauren Pickel verwendet man Wasser in der Menge des Blößengewichts und ferner für 100 kg Blößen 8—10 kg Kochsalz und 2 kg Salzsäure bei 20° R. Die Pickelung wird gewöhnlich in einem Walkfaß vorgenommen. Bereits nach einstündigem Walken muß man sich durch Eintauchen von Lakmuspapier überzeugen, ob die ganze verwandte Säure von der Blöße aufgenommen worden ist, ist dies nicht der Fall, dann muß weiter gepickelt werden, bis die Blößen vollkommen entkalkt sind. Bei Anwesenheit von Kalk in den Blößen während der Gerbung schlägt sich leicht Mineralsubstanz an den betreffenden Stellen nieder, was eine ungleichmäßige Färbbarkeit zur Folge hat. Man prüft auf Vorhandensein von Kalk mit Phenolphtalein, welches durch Rotfärbung jede Spur von Kalk anzuzeigen fähig ist. Dem Pickel muß solange Salzsäure zugesetzt werden — wenn erforderlich — bis die Phenolphtaleinlösung farblos bleibt. Die Salzsäure verwandelt den Kalk in lösliches Chlorkalzium, das sich auswaschen läßt. Die fertig gepickelten Blößen kann man über Nacht im Pickel liegen lassen und erst am anderen Morgen der Gerbung zuführen. Es ist nicht erforderlich die Blößen nach der Pickelung zu waschen, ehe sie in die Gerbebrühe gebracht werden. Die von der Firma Bayer & Co. in Leverkusen für die Chromgerbung ausgearbeiteten Vorschriften für Vorbehandlung der Felle vor der Chromgerbung können mit Vorteil auch für alle übrigen Arten der Mineralgerbung Verwendung finden.

Kapitel VI.

DIE ZURICHTUNG DER MINERALGEGERBTEN LEDER.

Das Falzen des Leders.

Das Falzen des Leders hat den Zweck, die Aasseite der Leder abzuhobeln und gleichmäßig zu machen und alle etwa noch vorhandenen Ungleichmäßigkeiten zu entfernen. Gefettete Leder lassen sich durch die Falzmesser besser schneiden, als ungefettete. Man falzt die Leder gewöhnlich erst nach beendeter Gerbung. Mineralgegerbte Leder greifen die Falzmesser stärker an, als lohgare Leder und erfordern daher gutes Messermaterial. Mineralleder werden auch so gut wie ausschließlich mit der Maschine gefalzt. Blanchieren nennt man das Falzen von der Hand. Das Messer, mit dem blanchiert wird, nennt man Blanchierlusen oder Falzmesser. Die Kante des Instrumentes wird durch einen Wetzstahl umgebogen, um ein Einschneiden in das Leder zu verhüten. Da dies bei ungeübten Händen leicht der Fall sein könnte, bedient man sich zweigriffiger Messer, welche sich weit genauer dirigieren lassen als eingriffige. Jettmar macht darauf aufmerksam, daß man unter Blanchieren eigentlich nicht ein Handfalzen verstehen sollte, sondern dem Namen nach ein Polieren der schon gefalzten Fleischseite, welche dabei eine weiße Farbe annimmt, woher sich der Name von blanche (weiß) erklärt. An Stelle der teueren Handarbeit leistet die Arbeit auf der Falzmaschine ein so erheblich größeres Quantum von ausgezeichneter Qualität, daß namentlich bei mineralgegerbten Ledern die Mehrzahl der Gerbereien zum Maschinenfalzen übergegangen ist. Die Fabriken liefern Falzmaschinen, welche in einem Arbeitstage bis 300 Felle zu falzen imstande sind.

Buffieren.

Unter Buffieren versteht man das Entfernen der oberen Narbenschicht, welches bei feinen Lederarbeiten geübt wird und namentlich dann rätlich erscheint, wenn der Narben, wie es wohl zuweilen vorkommt, beim Gerben Beschädigungen erlitten hat. Einige Lederarten, die zur Handschuhfabrikation dienen, werden stets buffiert, um die Glätte der Narbenschicht zu erhöhen und die Feinheiten der Farbennuancen zu steigern.

Schmirgeln oder Dolieren.

Beim Schmirgeln oder Dolieren handelt es sich darum den Lederflächen einen besonders samtenen Griff zu verleihen, so müssen die Leder auf Maschinen mit feinem Glas- oder Schmirgelpapier abgezogen werden. Es gibt auch Maschinen, welche wagerecht rotierende Bimsteinplatten über das Leder fuhren. Sehr üblich ist es, die Lackleder um einen festhaftenden gleichmäßigen Überzug zu erzielen, mit mehrfachen Auftrage des Lackuberzuges herzustellen, wobei nach sorgfältigem Trocknen jedes Auftrages die Appretur des Lackleders maschinell abgebimst wird.

Das Stollen des Leders.

Bei mineralgegerbten Ledern ist das Stollen weit wichtiger, als bei lohgaren Ledern, da fast alle Mineralgerbungen das Leder hart auftrocknen lassen, wobei es durch Stollen dann erst wieder weich und brauchbar gemacht werden muß. Bei allen Eisenledern, aber auch bei weiß- und chromgaren Ledern, sowie bei allen Kombinationen zwischen loh- und mineralgarem Leder ist gründliches Stollen am Platze. Nur ganz leichte Felle, die schon von Natur sehr lose sind, lassen sich mit der Hand auf einem einfachen Stollpfahl auseinander ziehen. Eine besondere Sorgfalt ist darauf zu verwenden, daß die mineralgegerbten Leder nicht zu trocken und nicht zu naß zum Stollen gelangen, weil in beiden Fällen Fehlresultate erzielt werden würden. Man legt am besten die Felle, um sie für das Stollen vorzubereiten, für 24 Stunden in feuchtes Buchenholzmehl. Die modernen Stollmaschinen sind imstande jedes noch so hart erscheinende mineralgegerbte Leder weich zu stollen, was die Handarbeit nicht in allen Fällen zu leisten vermag.

Das Glanzstoßen.

Der moderne Lederkonsum stellt hohe Anforderungen an die gleichmäßige Beschaffenheit der Lederoberflächen. Die mit Appretur versehenen Leder werden daher maschinell, um den Glanz der Oberflächen zu erhöhen, gestoßen. Es ist nicht richtig, daß die Mineralleder sich nicht stoßen lassen, wenn es auch wahr ist, daß sie sich etwas schwieriger stoßen lassen als das vegetabilisch gegerbte Leder.

Schagrinieren und Satinieren.

Die mineralgegerbten Leder werden so gut wie ausschließlich mit der Maschine gekörnt oder chagriniert, wobei man die gläserne Glanzstoßwalze durch metallene mit Körnelung versehene Kupfer- oder Bronzewalze ersetzt. Durch eine Einpressung dieses feinen Kornes, die über Kreuz erfolgen kann, wodurch man kleine Quadrate erhält, wird ein matter Glanz auf dem Leder hervorgerufen, der in vielen Fällen auf das Auge angenehmer einwirkt, als der hohe Glanz, der beim gewöhnlichen Glanzstoßen erzielt wird.

Krispeln und Pantoffeln.

Durch Krispeln oder Pantoffeln, wobei das Leder mit gekörnelten Hölzern geklopft wird, wird das Leder nicht nur weich gemacht, sondern ihm auch ein matter Glanz beigebracht, ganz ähnlich wie beim Chagrinieren und Satinieren. Auch heute noch geschieht das Krispeln oder Pantoffeln sehr häufig von Hand mit den Krispel- oder Pantoffelhölzern, welche statt des Korkbelages eine Reihe von Kerbeinschnitten zeigen.

Narbenpressung.

Das Narbenpressen der mineralgegerbten Leder zeigt keine erheblich größeren Schwierigkeiten, wie das der übrigen Lederarten. Durch Aufpressen von künstlichen Narben ist man imstande, die Zeichnungen der Ziegen, Schweinsfelle, Krokodil- und Schlangenzeichnungen aufzupressen und auch Seehundleder nachzuahmen. Die Technik ist in bezug auf die Herstellung künstlicher Narbenzeichnungen derartig weit gediehen, daß man ein sehr geübtes Auge besitzen muß um in manchen Fällen echte Narbenleder von nachgemachten zu unterscheiden. Die mineralgegerbten Leder erfordern wegen ihrer Elastizität ein starkes Erwärmen der Narbenpreßtrommel, damit die Pressung nicht wieder verloren geht. Dafür ertragen die meisten mineralgegerbten Leder auch höhere Hitzegrade als die lohgaren Leder mit Ausnahme der alaungegerbten Leder.

Abmessen des Leders.

Da die mineralgegerbten Leder meist ein viel geringeres Rendement besitzen als die lohgaren Leder, werden sie nicht nach Gewicht gehandelt, sondern nach der Fläche verkauft. Das Abmessen der Lederoberfläche geschieht in sehr vollkommen gebauten Maschinen, bei denen die Fläche der durchgezogenen Leder automatisch registriert wird, so daß man an einer Skala die Oberfläche der durchgezogenen Leder in ihrer Gesamtheit abmessen kann. An anderen Maschinen sind auch Einrichtungen getroffen worden, daß zugleich mit der Oberfläche auch die Dicke der Leder registriert und gemessen werden kann. Die Zeitersparnis und die größere Genauigkeit bei der Maschinenmessung ist gegenüber der Messungen von

Hand so erheblich, daß alle größeren Gerbereien zur Maschinenmessung übergegangen sind, trotzdem der Preis der Ledermeßmaschinen ein recht erheblicher ist.

Das Färben und Schwärzen der mineralgegerbten Leder.

Die Farbung und Zurichtung von mineralgegerbtem Leder gilt im allgemeinen als nicht leicht und nur die Aluminiumsalze befördern die Färbbarkeit des Leders in so hohem Grade, daß sie auch bei Lohgerbungen als Farbe befördernder Zusatz häufig benutzt werden. Dagegen boten die Gerbungen mit besser gerbenden Mineralgerbstoffen der Färbung im Anfang erhebliche Schwierigkeiten. Fur alle Eisengerbungen hat sich sogar bis heute die Meinung erhalten, daß die schwierige Nachfärbung der eisengegerbten Leder hauptsächlich auf die Schwierigkeit bei der Färbung und Zurichtung zurückzuführen seien. Dagegen hat man es sich längst abgewöhnt, über die Schwierigkeit der Färbung von chromgegerbtem Leder zu klagen und die großen deutschen Farbenfabriken geben sämtlich zuverlässige Vorschriften und Färbemethoden an, nach welchen ein jeder sogar ganz besonders schöne Färbungen auch bei chromgegerbtem Leder erzielen kann. Wie wiederholt betont, muß nur die Auswahl der für farbig bestimmten Häute sorgfältiger erfolgen, als bei der Lohgerbung. Wer sich genau an die im folgenden wiedergegebenen Rezepte hält, die zum Teil von den Farbenfabriken Friedrich Bayer u. Co., Leverkusen gegeben sind, wird nicht über Fehlresultate bei eisen- und chromgegerbten Lederarten zu klagen haben, und bei chromgegerbten Blößen sogar die allerfeinsten und empfindlichsten Färbungen mit Sicherheit erzielen können. Im übrigen steht es ja den Gerbereien immer noch frei, wenn die Färbung nicht ganz einheitlich ausgefallen sein sollte, oder die entstehende Nuance nicht ganz den Erwartungen entsprach, die gefärbten Leder durch Schwarzfärbungen mit Sicherheit verkaufsfähig zu gestalten, wenn auch zugegeben werden muß, daß durch die doppelte Färbung gewisse Mehrkosten entstehen. Im ganzen kann man rechnen, daß nur ein Drittel aller hergerichteten Blößen auf „feinfarbig" verarbeitet werden kann, während der übrige Rest der Schwarzfärberei zugeführt werden muß. Große Sorgfalt ist der Entsäuerung der Häute vor der Färbung zuzuwenden. Die Entsäuerung geschieht am häufigsten mit Hilfe von Soda oder Natriumbikarbonat oder Borax. Die Boraxentsäuerung ist die sicherste, aber dafür ist auch Borax teurer als die anderen Entsäuerungsmittel. Man nimmt zur Entsäuerung etwa 3—4 mal soviel Lösung als Blößengewicht vorhanden ist, und nimmt auf 100 kg Haut entweder 2 kg Borax oder 1 kg kalzinierte Soda oder 1 ½ kg Natriumbikarbonat. Nachdem 1 Stunde in dieser Lösung im Walkfaß gewalkt worden ist, ist die Entsäuerung in den allermeisten Fällen in genügender Weise durchgeführt. Man überzeugt sich zur Sicherheit durch Aufdrücken von Lackmuspapier auf einen frischen Schnitt, daß nun auch wirklich die färbende Haut keine saure Reaktion aufweist. Für feine Färbung ist außerdem noch darauf zu achten, daß die Häute sehr gleichmäßig sortiert und gleichmäßig gefalzt sind, da jede dünnere Falzstelle helle Flecken hervorrufen kann, die beim Glanzstoßen in der Maschine — die für mineralgegerbte Leder unerläßlich ist — durch Druckwirkung entstehen, während bei gleichmäßig gefalzten Häuten der Druck so gleichmäßig bleibt, daß ein ganz gleichmäßiger Glanz, wie erforderlich, erzielt wird. Die Maschinenbehandlung der mineralgegerbten Leder hat sich als absolut erforderlich erwiesen, trotzdem bei der Einführung der Mineralgerbungen der Widerstand der Gerbereien gegen die Einführung der Mineralgerbung auf der irrigen Ansicht beruhte, daß die mineralgegerbten Leder sich schwer oder gar nicht oder unregelmäßig färben und zurichten ließen. Obwohl Lackmuspapier bei der obigen Probe die Abwesenheit einer eigentlichen sauren Reaktion anzeigt, besitzt doch das Chromleder selbst nach sorgfältiger Entsäuerung mit Borax oder den anderen Entsäuerungsmitteln in chemischer Hinsicht noch eine Art sauren Charakters, der sich darin äußert, daß saure und substantive Farbstoffe bis zur völligen Erschöpfung des Farbstoffes bei Chromleder und anderen mineralgegerbten Ledern aufziehen, ohne jeden Säurezusatz. Basische Farbstoffe ziehen nur dann bei Chromleder auf, wenn dieses vor der Färbung mit einem vegetabilen Gerbstoff vorbehandelt war. Man rechnet damit, daß 3—4% von pflanzlichen Gerbstoffen genügen, um eine sichere Wirkung auch bei basischen Farbstoffen zu erreichen. Durch einen 3%igen oder höheren Zusatz von pflanzlichen Gerbstoffen wird allerdings der Charakter des Leders verändert, und die so hervorragende Zügigkeit des Leders, welche besonders geschätzt wird, bedeutend beeinträchtigt. Trotzdem ergeben gerade die basischen Farbstoffe eine so hervorragende Deckkraft und Brillanz bei mineralgegerbten Ledern, daß man nur ungern auf ihre Anwendung verzichtet und sich auf saure und substantive Farbstoffe beschränkt.

Das im folgenden beschriebene Verfahren ergibt sichere Resultate. Man bringt das zu färbende Leder mit dem gleichen Gewicht Wasser in ein Walkfaß, nachdem man vorher etwa 10 % eines sauren oder substantiven Farbstoffes aufgelöst hat und färbt bei einer Temperatur von ungefähr 45—50° C. Der Farbstoff fällt die Blößen so rasch an, daß die ganze Menge in 25 Minuten vollkommen aufgezogen ist. Dann bringt man in dasselbe Bad nach Herausnahme der Blößen 1/2—1 % eines vegetabilischen Gerbstoffes; man kann Sumach, Eichenholzextrakt, Fichtenholzextrakt oder Gambir verwenden und läßt die Blößen 1/2—3/4 Stunde walken. Nach dieser Zeit ist der Gerbstoff vollkommen aufgezogen. Die Eigenschaften des Leders haben sich wegen der geringen Menge des Gerbstoffes nicht verändert. Aber doch erleichtert diese geringe Menge die weitere Zurichtung und genügt in Verbindung mit dem bereits aufgezogenen sauren Farbstoff, um eine sichere Fixierung des nachfolgenden basischen Farbstoffes zu erzielen. Hernach nimmt man die im ersten Bade gefärbten und mit Gerbstoff nachbehandelten Häute heraus, schlägt sie auf den Bock und beschickt das Walkfaß mit frischem Wasser und färbt alsdann mit basischem Farbstoff auf. Man kann aber auch so verfahren, daß man das Farbfaß mit einem Spülgitter versieht, die Brühe des ersten Bades ablaufen läßt und mit lauwarmem Wasser durch die Hohlachse etwas nachspült und darauf die für das zweite Bad notwendige Wassermenge wieder zusetzt. Das Herausnehmen der Häute aus dem Walkfaß erscheint dem Herausgeber als das sicherste Verfahren. Man setzt dem zweiten Bade entweder einen basischen Farbstoff oder eine zweckentsprechende Mischung solcher Farbstoffe in einer Menge von nur 1/4—1/2 % zu. Nach 25 Minuten ist auch diese zweite Färbung bereits beendet. Dann bringt man eines der gebräuchlichen Fettmittel in das Faß und läßt 1/2—1 Stunde walken, um das Fett vollkommen in das Leder zu bringen. Auf diese Weise ist es möglich, mit 3—4 Farbstoffen eine ganze Serie moderner brauner Ledertöne herzustellen. Die oben angegebenen Prozentzahlen beziehen sich auf das Falzgewicht des Leders. Bei Ausführung der Arbeit ist zu beachten, daß man saure und substantive Farbstoffe miteinander lösen kann. Ebenso kann man eine Mischung der basischen Farbstoffe in einer Lösung herstellen, dagegen darf man niemals saure und basische Farbstoffe gleichzeitig zu lösen versuchen, oder gleichzeitig in einem Bade ausfärben, da die basischen Farbstoffe bei einer solchen Mischung ausfallen. Die Farbstoffe selber werden mit aufgekochtem Wasser in der etwa 20fachen Menge gelöst. Ist das Wasser sehr kalkhaltig, so ist es unter Umständen notwendig, beim Lösen der basischen Farbstoffe diese vorher mit etwas Essigsäure anzuteigen und dann erst mit heißem Wasser zu übergießen um den störenden Einfluß der Kalksalze zu beseitigen. Die fertig gegerbten und gefetteten Leder schlägt man nach der Färbung auf den Bock — Narben auf Narben — bis sie erkaltet sind. Dann werden die Leder ausgesetzt und im Trockenraume oder an der Luft getrocknet. Nach dem Trocknen müssen sie von neuem angefeuchtet werden, damit man sie leicht und gut stollen kann. Das Anfeuchten geschieht entweder dadurch, daß man die Leder in feuchte Sägespäne legt, die von Buchenholz oder Eichenholz herrühren müssen, damit nicht etwa die empfindlichen Farbtöne durch Harzgehalt der Späne verdorben werden, oder dadurch, daß die Leder schnell durch Wasser gezogen werden. Man kann auch die Leder von der Rückseite mit einer feinen Spritze anfeuchten und sie dann zusammenrollen, bis die Feuchtigkeit gleichmäßig eingedrungen ist, alsdann werden die Leder gestollt und hierauf aufgespannt. Nach dem Aufspannen entfernt man das Fett aus der oberen Narbe des Leders durch vorsichtiges Abreiben mit einer 10%igen Milchsäurelösung, da sonst die Appretur nicht gleichmäßig angreift. Die Appretur besteht entweder aus Kasein oder Gelatine oder aus Albumin. Man löst von diesem Material etwa 12—20 g in einem Liter Wasser, da ein Anfärben der Appretur nicht erforderlich ist. Nach dem Abtrocknen der Appretur werden die Leder gestoßen und dann gekrispelt. Das Appreturglanzstoßen und krispeln ist eventuell, wenn erforderlich, noch zweimal zu wiederholen, bis man den größten Glanzeffekt erreicht hat. Besonders leicht färben sich die Chromspalte, die man ohne weiteres mit sauren oder substantiven Farbstoffen in Menge von 2—2 $^{1}/_{2}$% Farbstoff färben kann, ohne daß eine Übersetzung notwendig ist. Dann fügt man der Färbung 1—2% Ammoniak hinzu, läßt so lange walken, bis Durchfärbung erzielt ist und zieht das Bad durch 1—2% Ameisen- oder Essigsäure aus. Allerdings muß dann nach der Färbung gespült werden, um die Säure herauszuwaschen. Die Fettung der Spalte kann bei dieser Färbeart entweder vor der Färbung oder nach derselben in einem besonderen Bade ausgeführt werden. Dagegen gibt man bei Färbung von Grautönen Fettliquor und Farbstofflösung gleichzeitig hinzu und erzielt man damit ein regelmäßiges Aufziehen der Farbstoffe.

Schwarzfärbung.

Mineralgegerbtes Leder wird mit $^{3}/_{4}$—1% Chromleder schwarz E extra oder Chromleder schwarz RW extra in der Weise, wie oben beschrieben, ausgefarbt. Eine basische Übersetzung ist nicht notwendig. Vermischt man das Chromleder schwarz mit etwas Nigrosin, so wird eine schnellere Narbendeckung erreicht. In diesem Falle arbeitet man am besten mit 34% Chromleder schwarz E extra und $^{1}/_{4}$% Nigrosin NB. Nach Aufziehen des Farbstoffes wird der Fettliquor hinzugebracht, mit dessen Aufsaugen die Färbung vollendet ist. Die schwarzen Leder werden dann genau wie die anderen farbigen Leder getrocknet, gestollt und appretiert. Die Appretur für Schwarzleder muß vorher nach folgendem Rezept angefärbt werden:

Rezept 1: 200 g Rinderblut
5 „ Eialbumin
5 „ Ammoniak
5 „ Haematin
5 „ Nigrosin NB

werden mit Wasser gelöst und auf 1 Liter gestellt.

Rezept 2: 10 g Eialbumin
10 „ Kasein
2 „ Gelatine
20 „ Nigrosin NB

10 g Haematin
5 „ Ammoniak
werden mit Wasser gelöst und auf 1 Liter gestellt.

Will man ein intensives Schwarz auf Spaltleder erzielen, so muß man bei der großen Aufnahmefähigkeit des Spaltleders, und um eine gute Deckung zu erreichen, sehr intensiv färben und basisch übersetzen. Eine derartige Färbung erhält man z. B. dadurch, daß man im ersten Bade mit 10% Direkttiefschwarz E extra und 1% Nigrosin N B anfärbt. Nach einer halben Stunde setzt man 1/2% Blauholz und 1/2—1% Ammoniak hinzu, läßt eine halbe Stunde laufen, fügt 2% Ameisen- oder Essigsäure hinzu und färbt so lange, bis das Farbbad ausgezogen ist. In einem zweiten Bade übersetzt man mit 1% Lederschwarz 28371 oder mit 1% Lederschwarz 277000. Im ersteren Falle erhält man rotstichige, blumige, schwarze Töne, im letzteren ein nach grün neigendes Blauschwarz.

Kapitel VII.

DIE EINRICHTUNG EINER MODERNEN MINERALGERBEREIFABRIK.

Die Einrichtung einer modernen Mineralgerbereifabrik verlangt die Kenntnis einer großen Zahl von Maschinen von oft erheblich verwickelter Bauart. Gerade für mineralgegerbtes Leder ist die Maschinenzurichtung als unumgänglich notwendig erkannt und die Handarbeit ist dabei so gut wie ganz ausgeschlossen. Trotzdem erobert sich die Mineralgerbung ein immer größeres Gebiet und man kann sagen, daß in wenigen Jahrzehnten die alleinige Pflanzenstoffgerbung sich als unwirtschaftlicher herausstellen wird. Für Spezialleder kann auch für die Zukunft die Mitverwendung von pflanzlichen Gerbstoffen neben der Mineralgerbung in den sogenannten Kombinationsgerbungen als wahrscheinlich gelten, aber die behauptete qualitative Überlegenheit der Rotlederfabrikation ist nicht mehr aufrecht zu erhalten. Weder in bezug auf Festigkeit, noch auf Zügigkeit, noch auf Hitzebeständigkeit, noch auf Wirtschaftlichkeit besteht ein Vorrang der Rotlederfabrikation. Zugegeben werden muß, daß die Mineralgerbung größere Anforderung an das Wissen und Können der Arbeiter und Fabrikleiter stellt, da Gerbefehler schlimmere Folgen haben als bei der alten Rotledergerberei. Jede große moderne Mineralgerberei sollte ein wissenschaftliches Laboratorium besitzen und einen Betriebschemiker, welcher den chemischen Teil der Gerbung kontrolliert und überwacht.

Mit wenigen hundert Mark Unkosten läßt sich ein Laboratorium einrichten, in welchem die Gerbstoffe, die Leder und Hilfsstoffe chemisch geprüft werden können.

Die Firma Arthur Meißner in Freiberg i. Sa. zum Beispiel liefert alle für die Einrichtung eines chemischen Laboratoriums nötigen Geräte in einer praktischen Zusammenstellung für etwa siebenhundert Mark.

In Deutschland sind bereits eine große Zahl modern eingerichteter Gerbereien im Besitze eines eigenen Laboratoriums, dessen geringe Unterhaltungskosten sich durch Ersparnisse im Betriebe vielfach bezahlt machen.

Bei der Herstellung mineralgegerbter Feinleder sollte großer Wert auf die Entfettung der Felle gelegt werden. Die Felle können im trockenen Zustande in modernen Anlagen völlig entfettet werden und alsdann kann erst auf Färbbarkeit in den zartesten Tönungen gerechnet werden, während fetthaltige Felle leicht Fehlresultate in den Färbungen ergeben.

Der Verwertung von Haaren und Wolle wird in modernen Betrieben die größte Sorgfalt zugewendet. Die maschinell entfernte Wolle wird in Maschinen gewaschen und in Hordenapparaten getrocknet. In der folgenden Abbildung wird eine Anlage gezeigt, bei welcher die Haare durch Zentrifugieren vor dem eigentlichen Trocknen vom überschüssigen Wasser nach dem Waschen befreit werden.

Anlagen zur Lederentfettung.

Da gewisse Sorten Felle einen Gehalt von überschüssigem Fett besitzen, welcher entweder bei der Verarbeitung eingetragen wird, oder von Natur in den Fellen bleibt, erschwert dies die Fabrikation oft sehr empfindlich, weil das Fett bei Herstellung lackierter Leder, farbiger oder heller Leder entfernt werden muß. Wohl konnten die betreffenden Felle in Lohnanstalten entfettet werden, was sich jedoch für einen rationellen Betrieb zu umständlich und vor allem auch zu teuer stellte, sodann ist ein Lohnbetrieb nicht in der Lage, die Entfettung der einzelnen Sorten so zu überwachen, wie dies im eigenen Betriebe nach in kurzer Zeit gesammelter Erfahrung geschieht.

Abb. 3. Maschinenbau Act -Ges. Golzern-Grimma.

Die früher übliche Art der Entfettung mit Benzin war umständlich, gesundheitsschadlich, feuergefährlich und infolge der großen Benzinverluste und vielen Arbeitslöhne auch sehr teuer.

Mit unseren Einrichtungen ist die Entfettung dagegen bei sachgemäßer Bedienung vollstandig gefahrlos, dabei sind die

Arbeitslöhne minimal, die Benzinverluste außerordentlich gering und die Leder fallen vollständig gleichmäßig aus.

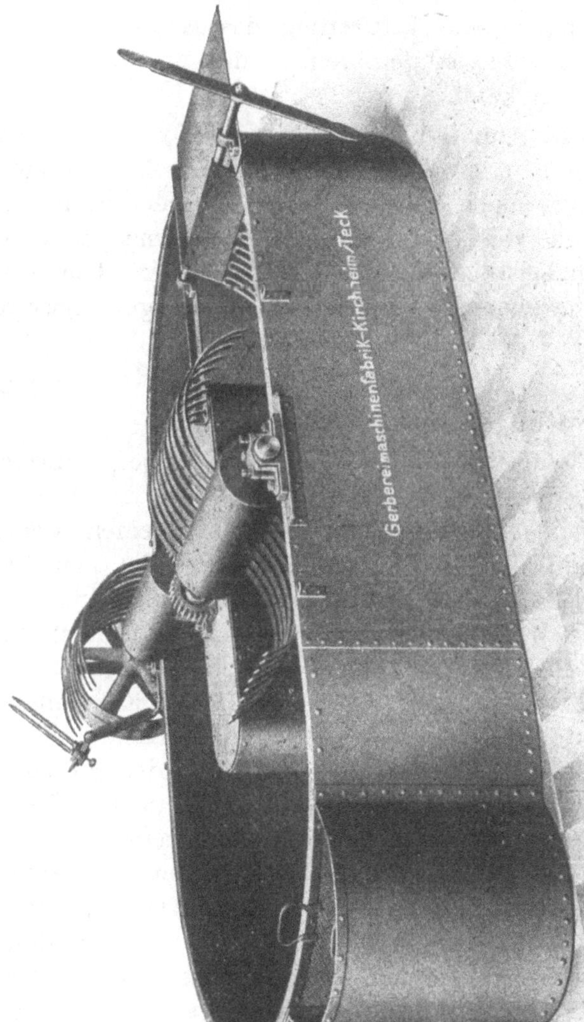

Abb. 4. Gerbereimaschinenfabrik Kirchheim-Teck. Waschmaschine für Haare und kurze Wolle.

Je nach der verlangten Tagesleistung und der Größe der Felle wird die Form bezw. Größe der Extraktoren gewählt. Die Häute werden auf Wagen gehängt und in die liegenden

Extraktoren eingefahren und während die Entfettung dieser Leder im Apparat erfolgt, kann bereits wieder ein Wagen mit Häuten behangen werden, sodaß nach beendeter Entfettung einer Charge und Entleerung des Extraktors sofort ein Wagen mit Häuten eingefahren werden und der Betrieb aufs neue beginnen kann.

Da die ganze Apparatur geschlossen ist und das Lösemittel — Benzin usw. — sich immer im Kreislauf befindet, ist der Benzinverbrauch minimal. Das in den Ledern enthaltene Fett wird von dem Benzin aufgenommen und von demselben durch Destillation wieder abgeschieden. Dieses als Nebenprodukt gewonnene Fett läßt sich immer gut verwerten und deckt zum Teil die Entfettungskosten.

Zentrifugen mit Boden-Vorgelege.

Diese Spezialmaschinen werden in den Lederfabriken, Haar- und Wollwäschereien zum Ausschleudern des Wassers aus den gewaschenen Haaren, Wolle oder kleinen Fellen, bevor solche zum Trocknen gelangen, verwendet. Das gewaschene nasse Material wird durch die Zentrifugalkraft des rasch rotierenden Kessels derart entwässert, daß je nach dem Material nur noch 40—50 % Wasser rückständig bleibt. Das ausgeschleuderte Wasser wird von dem äußeren Kesselmantel aufgefangen und durch eine im Boden befindliche Öffnung durch einen Stutzen abgeleitet. Die Zentrifuge ist mit einem sicher wirkenden, unterhalb des Kessels angeordneten Gleichgewichts-Regulator versehen. Ferner ist eine Bremse mit Fußtritthebel angebracht, durch welche die Maschine sicher und schnell zum Stillstand gebracht werden kann. Die Zentrifuge sitzt auf einem soliden Fundamentrahmen, auf welchem gleichzeitig das Boden-Vorgelege montiert ist. Hierdurch erübrigt sich die Ausführung gemauerter Fundamente und die Aufstellung kann überall bequem erfolgen.

Nebenstehende Abbildung zeigt unsere neueste Zentrifuge in normaler Ausführung, jedoch mit einem selbsttätig wirkenden patentierten Deckelverschluß, welcher zwangsweise auf die Ausrück- bezw. Abstell-Vorrichtung wirkt. Die Inbetriebsetzung der Maschine ist erst dann möglich, wenn der Deckel geschlossen ist. Ebenso kann ein Öffnen dieses Verschlusses

Abb. 5. Gerbereimaschinenfabrik Kirchheim-Teck.

erst bei einer ungefährlichen Rotationsgeschwindigkeit des Schleuderkessels bewerkstelligt werden. Diese Verschluß-Vorrichtung ist innerhalb Deutschlands Vorschrift der Berufsgenossenschaft.

Nr.	Größe des rot. Kessels Durchmesser mm	Höhe mm	Stündliche ungefähre Leistung bei Neufüllung ca alle 10 Minuten	Aufstellungsraum Länge mm	Breite mm	Höhe mm
1	400	260	60 kg nasse Haare bezw. Wolle	2000	740	830
2	500	300	120 „ „ „	2 00	820	950
3	6 0	300	180 „ „ „	2000	920	1000
4	700	350	270 „ „ „	2000	1100	1160
5	850	40	450 „ „ „	2750	1260	12 0
6	1000	400	630 „ „ „	3000	1500	1420
7	1200	400	900 „ „ „	3200	1700	1420
8	1500	400	1350 „ „ „	3500	1850	1690

Nr.	Riemenscheiben Durchmesser mm	Breite mm	Umdr. in der Minute	Kraftbedarf ca PS	Gewicht ca netto kg	brutto kg	seem. verpackt kg	Schiffsraum cbm	Schlüsselwort
1	160	90	515	1	400	430	480	1,20	Kolben
2	160	90	530	1	500	540	615	1,40	Karren
3	160	90	535	1½	550	590	670	1,50	Kälte
4	220	100	425	2½	900	975	1090	2,20	Kalb
5	260	100	525	4	1050	1130	1225	3,80	Knall
6	260	100	515	5	1500	1600	1850	5,20	Klub
7	350	175	360	6	2000	2250	2500	6,30	Klara
8	350	175	250	7½	2700	2700	3000	9,50	Klippe

Wasserwerkstatt-Maschine Nr. 250.

Unter den Handarbeiten, welchen die rohe Haut in dem Prozeß ihrer Verwandlung zu Leder unterworfen ist, war das Entfleischen oder Scheren stets die kostspieligste. Dies nicht nur wegen der an und für sich langwierigen Hantierung und der dadurch bedingten hohen Bezahlung, sondern fast mehr noch durch den Schaden, welcher bei nicht gut geschulter oder nachlässiger Handarbeit entstand. Die Haut verlor an Gewicht und an Wert.

Es kamen Aushebungen und Schnitte hinein, und ein gut Teil Blöße wanderte in das Leimfleisch. Diese letztere bekannte Tatsache ist auch ein Hauptgrund, warum das von Hand erzeugte Leimfleisch höher bewertet wird, als das sogenannte „Maschinen-Leimleder".

Unsere Vorgänger haben deshalb in dieser Erkenntnis schon frühe begonnen, Entfleischmaschinen zu bauen. Konstruktionen der verschiedensten Art entstanden und fanden auch bei der Bearbeitung von Fellen und leichten Häuten reichlich Verwendung, während jedoch das saubere und zuverlässige Scheren schwerer, ungleichmäßiger Häutesorten bis vor kurzem noch ein Problem blieb.

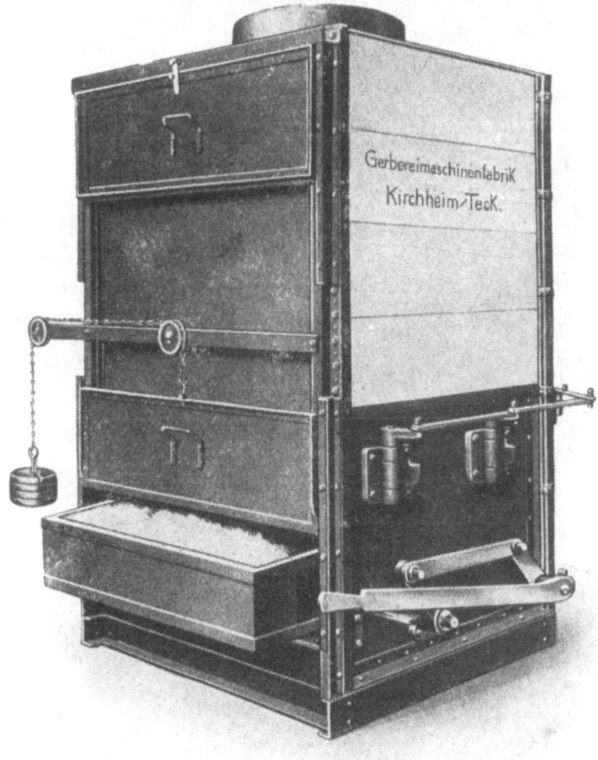

Abb. 6. Gerbereimaschinenfabrik Kirchheim-Teck.
Hordentrockner für Woll- und Haarwäschereien.

Dieses Problem ist nunmehr durch diese pneumatische Entfleischmaschine Nr. 250 S. 64 endgültig gelöst.

Viele Lederfabrikanten, die bis dahin der Maschinenarbeit gegenüber sich durchaus ablehnend verhielten, haben das neueste Modell angeschafft und arbeiten damit zu ihrer größten Zufriedenheit. So wurden in der kurzen Zeit, seit

Abb. 7. Pneumatische Entfleischmaschine

welcher diese Neukonstruktion auf den Markt kam, bereits mehr als 500 Maschinen davon verkauft.

Bei der massiven Gummirolle oder Vollgummileiste sonstiger Entfleischmaschinen ist wohl eine Nachgiebigkeit vorhanden, die zum Ausgleich unbedeutender Unterschiede der Hautstärke genügt, bei abfälligen Kuhhäuten oder schweren Ochsen- bezw. Stierhäuten aber durchaus unzureichend ist. Die dicken Hautpartien werden hierbei entweder zu viel entfleischt und zu stark gepreßt, um die abfälligen Hautteile zu erreichen, oder letztere bleiben unentfleischt, bezw. unsauber. Durch die Pression bei starken Hautteilen wird andererseits der Gegendruck der Gummiwalze oder der Vollgummileiste an diesen Stellen auch nicht mehr nachgiebig, sondern hart sein. Infolge dieses harten Gegendrucks wird weiter das Fleisch der Haut in stark gepresstem Zustande geschnitten. Ein Teil der Fleischfaser verbleibt an der Blöße, richtet sich bei der Weiterverarbeitung der Haut wieder auf, und das Leder zeigt dann das gefürchtete, rauhe und pelzige Aussehen. Durch die pneumatische Andruckwalze wird aber jeder harte Druck auf die Haut vermieden. Eine selbsttätige Luftzufuhr ermöglicht eine gleichmäßige Nachgiebigkeit der Walze und die unterschiedliche Stärke der Haut reguliert beim Arbeiten die Verteilung des Gegendrucks von selbst. Dicke Hautpartien verdrängen eben die Luft in der Schlauchwalze nach den Stellen, wo die Haut flach ist und schaffen so einen vollständigen Ausgleich.

Infolge dieser glücklichen Lösung der schwierigen Aufgabe ist nicht nur ein vollständig sauberes Entfleischen jeder Haut bei größter Schonung derselben gewährleistet, sondern auch das Enthaaren und Glätten wird unter Verwendung einer besonderen Werkzeugwalze ebenso einwandfrei besorgt. Namentlich beim Glätten hat die Maschine sich als gründlicher und zuverlässiger bewiesen als Handarbeiter.

Wir liefern sie als Spezial-Maschine für eine der genannten Arbeiten oder auch als Universal-Wasserwerkstatt-Maschine zum Enthaaren, Entfleischen und Glätten. Das Einrichten der Maschine für die verschiedenen Arbeitszwecke ist einfach und rasch zu bewerkstelligen, da z. B. Innenlager, Antriebscheibe usw. stets auf der betreffenden Arbeitswalze verbleiben.

Um den Kraftbedarf auszugleichen und zu ermäßigen, liefern wir bei diesen Maschinen ein besonders schweres, auf eigenem Lagerbock montiertes Schwungrad, welches gleichzeitig verhindert, daß beim Durchpassieren der Haut die Tourenzahl des Arbeitszylinders und des Transports geringer wird, als zur Erzielung einer guten Arbeit erforderlich ist.

Abb. 8. Bayer. Maschinenf. Regensburg. F. F. Schlageter. Die Ausreckmaschine Record erhöht bei sachgemäßem Gebrauch in hohem Maße das Flächenmaß der vorbehandelten Felle.

Eine weitere Erleichterung des Betriebs gewahrt der Entlastungs-Apparat. Durch einen bequem zu handhabenden Hebel betätigt, vergrößert er bei der Bearbeitung von dicken Köpfen den Zwischenraum.

Bei manchen Arten von Mineralledern führt Hämmern nicht zu einem Hartwerden, sondern z. B. bei Eisenledern zum

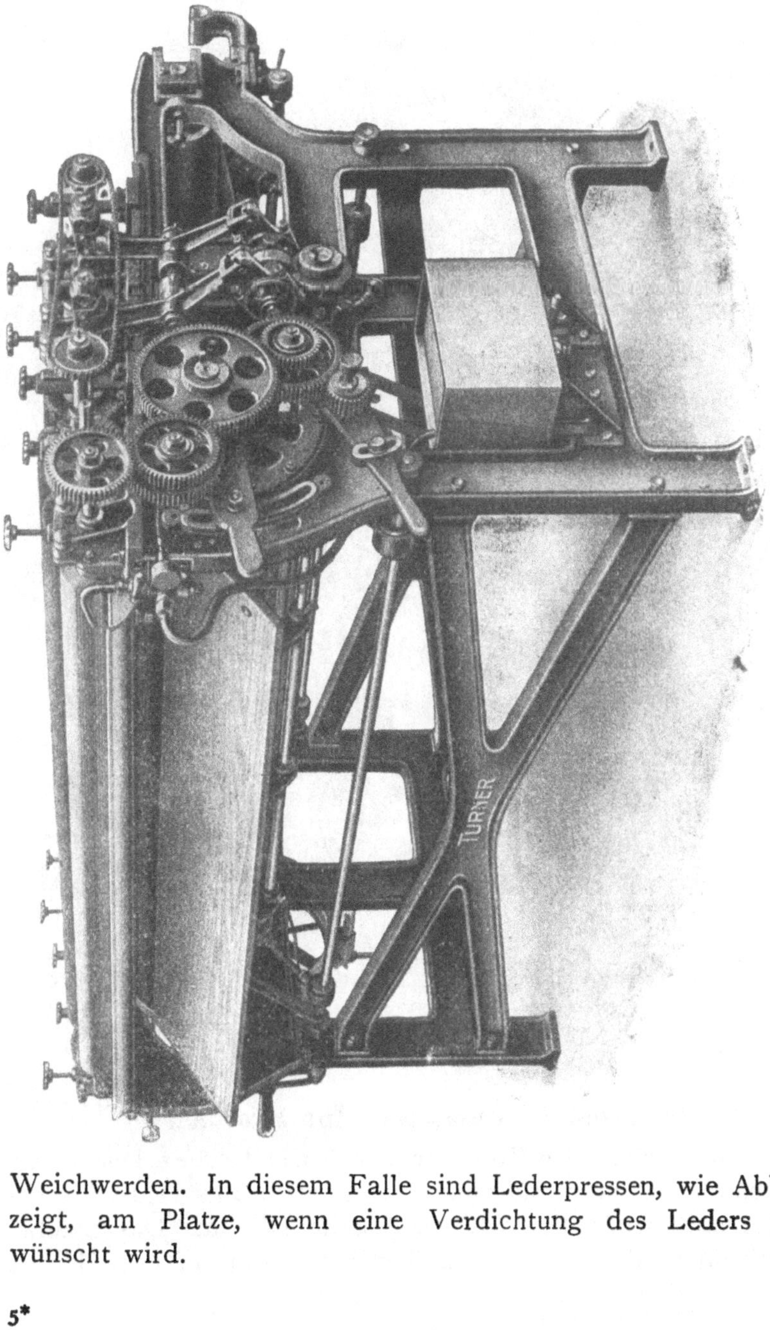

Abb. 9 Lederpressen.

Weichwerden. In diesem Falle sind Lederpressen, wie Abb. 9 zeigt, am Platze, wenn eine Verdichtung des Leders gewünscht wird.

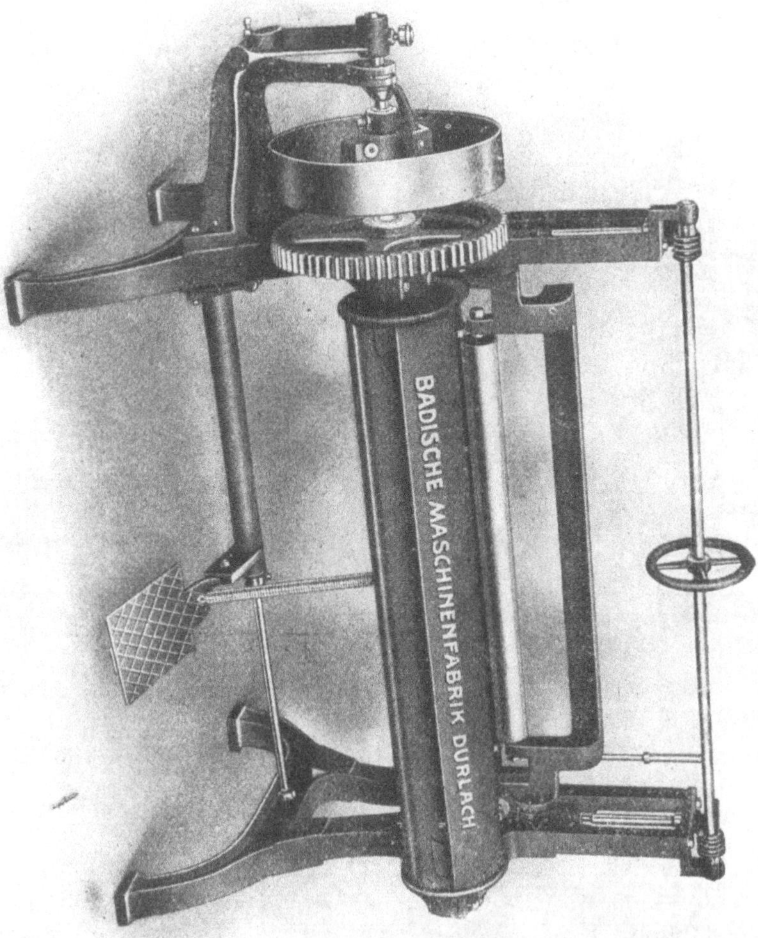

Abb. 10.

Kalbskopf-Spaltmaschine für Kraftbetrieb.

Zum Spalten der Köpfe an den Kalbfellen leistet vorstehend abgebildete Maschine, die in ihrer Bauart der Union-Spaltmaschine ähnlich ist, vorzügliche Dienste. Das Spalten geschieht in der Weise, daß das mit dem Kopf nach hinten über das feststehende Messer ausgebreitete Fell an der Schneide des Spaltmessers mittels der Druckwalze niedergedrückt wird, wobei der über die Maschine hinaushängende Teil sich bei Inbetriebsetzung auf der Wickelwalze aufwindet. Bei dem Durchziehen des Felles wird der Kopf sauber und glatt durchgespalten. — Sowohl die Druckwalze als auch das Spaltmesser sind mit Reguliervorrichtungen versehen und lassen sich genau einstellen. — Zur Bedienung dieser Spaltmaschine ist kein besonders geschulter Arbeiter erforderlich. Das Ausspalten kann nach unserer Instruktion von jedem Tagelöhner besorgt werden, wobei die Leistungsfähigkeit der Maschine eine sehr bedeutende ist. Auch zum Abspalten der Köpfe von Rind- oder Stierhälften ist diese Maschine bestens geeignet.

In der Wasserwerkstatt dient ferner die Kurbelwalke zur maschinellen Erweichung, während die Gerbevorbereitungen im allgemeinen Äschern und Beizen teils in Gruben, teils in Haspeln vorgenommen werden.

Dem Enthaaren und Entfleischen dienen sehr große Maschinen, welche beide Hautseiten von allem Überflüssigen befreien.

Bandmesser-Spaltmaschine Nr. 35.

Als eine der bedeutsamsten Arbeiten in der Lederfabrikation muß das Spalten bezeichnet werden, und so vorteilhaft eine gute Spalterei für den Fabrikanten sein kann, so wird diese Arbeit zur Quelle großen Verlustes, wenn sie infolge schlecht funktionierender Maschinen und unzuverlässiger Bedienung teure Häute entwertet und unbrauchbar macht.

Bei unserer heutigen Maschine werden viele Verrichtungen, Einstellungen usw., die sonst nur durch erfahrene und teure Spalter vorgenommen werden konnten, selbsttätig durch die Maschine besorgt. Besonders erwähnen möchten wir hierbei den automatischen Schleifapparat Nr. 164.

Vermittels dieser sinnreichen Vorrichtung wird das Spaltmesser während der Arbeit nach dem Grade seiner Abnützung samt allen damit zusammenhängenden Teilen, wie Messerführungsplatten, Messerführungsscheiben und Schleifsteinen, vorgeschoben. Das Schnittprofil des Messers bleibt deshalb stets gleich und ebenso die Stellung der Messerschneide zu den Führungswalzen. Ferner erreicht man die beste Aus-

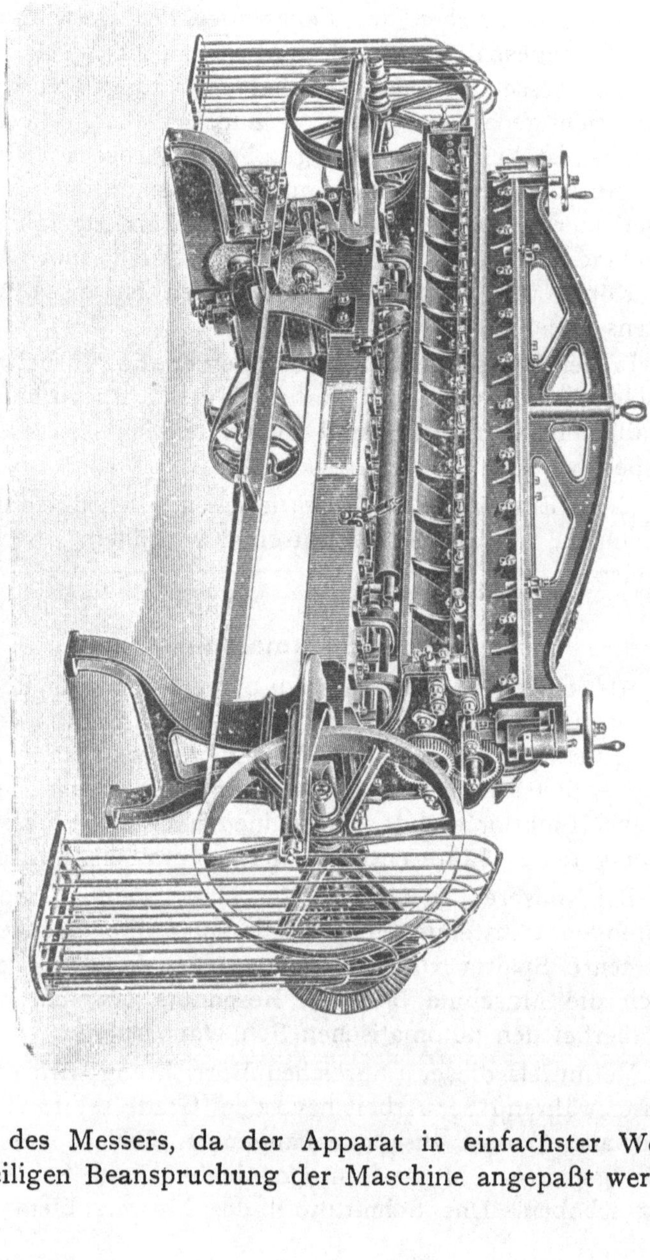

Abb. 11. Nicolai-Clasen. Ottensen-Hamburg. Bandmesserspaltmaschine.
Das Spalten spielt bei den nach Fläche verkauften Lederarten eine große Rolle.

nützung des Messers, da der Apparat in einfachster Weise der jeweiligen Beanspruchung der Maschine angepaßt werden kann.

Abb. 12 Turner, Bandmesserspaltmaschine Nr. 35 (Vorderansicht).

Die Abbildung 12 zeigt, welche komplizierte Vorrichtungen erforderlich sind, um die Leder in der erforderlichen Weise zu spalten.

Einen weiteren bedeutenden Vorteil bringt der Wetzapparat Nr. 166, mit dem das bereits in gewöhnlicher Weise geschliffene Messer gewetzt bezw. abgezogen wird, so daß eine rasiermesserähnliche Schneide entsteht, die einen glatten Schnitt gibt und auch ein leichteres Durchtransportieren der Häute in der Maschine gegen das Messer bewirkt. Ferner bleibt die Schneide länger scharf, das Schleifen ist nicht so oft erforderlich und der Verschleiß viel geringer.

Alle unsere Spaltmaschinen werden auch mit einer Momentauslösung versehen, welche es ermöglicht, bei etwa durch ungeschickte Einführung eingetretenen Störungen, den Transport des Leders durch einen Hebeldruck plötzlich zu unterbrechen.

Um das Reißen — Rissigwerden — des Bandmessers zu vermeiden, sollte dieses nach Beendigung der Arbeit entspannt werden. Zu diesem Zweck bauen wir in unseren Maschinen einen Entspannungsapparat ein. Durch Betätigung eines Hebels kann man das Messer entspannen oder auch wieder in die vorherige Spannung bringen.

Mit den bisher gezeigten Maschinen werden die Häute bis zur Gerbung vorbereitet. Das Gerben selber geschieht bei fast allen modernen Minerallederfabriken in Gerbefässern. Wir bringen S. 74 ein Bild eines Gerbefasses, welches zugleich als Walkfaß, als Färbefaß und als Gerbefaß dienen kann.

Äscher-, Beiz-, Auswasch- und Gerbtrommeln.

Diese Trommeln, welche für die verschiedenen nassen Arbeiten in der Gerberei Verwendung finden, führt man in zwei Größen für Häute und Felle aus. Sie werden direkt von der Transmission aus mittels Riemen, die auf dem Umfang der Trommel laufen, angetrieben. Die Antriebscheiben sind entweder Fest- und Losscheiben oder nur eine Losscheibe allein, die dann mittels Klauenkupplung eingerückt wird.

Der Trommelmantel besteht aus einer Anzahl Holzleisten, die in Zwischenräumen nebeneinander sitzen, so daß die Brühe ungehindert ein- und austreten kann.

Sowohl die zugehörigen Gefäße (Geschirre) als auch die Trommeln werden aus 5 cm starkem Kiefernholz angefertigt. Außer zwei zerzinkten Eisenreifen an den Kopfenden kommt bei Herstellung der Trommeln kein Eisen zur Verwendung. Der Holzzylinder dreht sich mit seinem aus Hartholz hergestellten Zapfen in Lagern aus Pock- oder Quebrachoholz. Die Trommel ist zum Ein- und Ausbringen des Häutematerials

Abb. 13.

sowie zum Zwecke einer bequemen Reinigung durch eine Doppeltür leicht zugänglich.

Die Trommelgeschirre können auch in Stein oder Zement ausgeführt sein, wobei beim Ausmauern darauf zu achten ist, daß die Auflagebalken bzw. Träger für Zapfenlager mit eingemauert werden.

Abb. 14. Gerbereimaschinenfabrik Kirchheim-Teck

Gerb-, Weich-, Äscher- und Auswaschfaß
mit und ohne automatische Umsteuerung.

Alle bis heute bekannten Gerbfaß-Konstruktionen haben den großen Nachteil, daß die Lagerung der Rosettenachsen unvollkommen ist und hierdurch entstehen die großen Nachteile, wie: Rosetten- und Lagerbrüche usw. oder wenigstens abnormal starke Abnützung dieser Teile, schwerer, geräuschvoller Gang bei hohem Kraftverbrauch, teure häufige Reparaturen und dadurch bedingte Betriebsstörungen usw. Diesen großen Übelstand haben wir bei der Neukonstruktion gründlich beseitigt, indem wir die Rosetten-Achsen in kugelartig beweglichen, auswechselbaren Ringschmierlagern laufen lassen, wodurch alle vorgenannten Übelstände, selbst bei nachlässiger Bedienungsmannschaft, vermieden werden. Auch die Lager des Faßvorgeleges sind mit Ringschmierlagern ausgestattet. Bei dieser Konstruktion ist ferner auf eine solide Bauart und bequeme, handliche Bedienungsweise besondere Rücksicht genommen. Auf Wunsch können die Fässer ohne Umsteuerung, also nur mit Voll- und Leerscheibe für einfache Drehrichtung geliefert werden.

Unsere Gerbfässer sind auf Grund reichster Erfahrungen konstruiert und stellen dieselben zweifellos das Vollkommenste, Beste und Rationellste dar, was es bis heute auf diesem Gebiete gibt. Wir warnen jeden Besteller vor den scheinbar billigen, sehr primitiven und unvollkommenen Faß-Konstruktionen.

Nr	Größe des Fasses		Riemenscheiben				Umdr. des Fasses	Kraftbedarf
	Durchmesser mm	Laub.-Länge mm	Durchmesser mm	Breite mm	Umdrehung einfach. Übers.	Umdrehung dopp. Übers.		ca PS
1	2000	2000	700	120	85	—	8	2
2	2000	2500	700	120	85	—	8	2
3	2500	2000	700	120	65	145	6	2½
4	2500	2500	700	120	65	145	6	3½
5	3000	3000	700	120	—	100	4	5

Nr.	Eisenbestandteile einschließlich Faß für einfache Übersetzung					Eisenbestandteile ohne Faß einfache Übersetzung				
	netto kg	brutto kg	seem. verp. kg	Schiffsraum cbm	Schlüsselwort	netto kg	brutto kg	seem. verp. kg	Schiffsraum cbm	Schlüsselwort
1	2200	2300	2600	5,00	Bach	1270	1300	1450	3,25	Berlin
2	2370	2470	2800	6,20	Ballen	1270	1300	1450	3,25	Beet
3	2400	2500	2850	6,30	Balz	1270	1300	1450	3,25	Bau
4	2700	2800	3200	6,60	Bank	1270	1300	1450	3,25	Bart
5	3500	3600	4000	7,50	Bad	1270	1300	1450	3,25	Boden

NB. Bei doppelter Räderübersetzung erhöhen sich obige Gewichte um 200 kg.

Die Abbildungen 15 und 16 zeigen zwei weitere besonders gut durchgebildete Gerbefaßkonstruktionen.

Das Gerbfaß Columbus der Bayr. Maschinenfabrik Regensburg Abb. 16 zeigt eine Konstruktion, welche erlaubt, die Fasser bis zu den größten Dimensionen auszuführen, ohne irgend welche Gefahr für die Haltbarkeit des Holzfasses und der Eisenarmatur befürchten zu müssen.

Das Faß ist in einer gemauerten Grube so weit normal zirka zwei Drittel des Faßdurchmessers versenkt angeordnet, so daß das Gewicht des Fasses sowie das der Füllung von dem in der Grube befindlichen Wasser getragen wird.

Abb. 15. Gerbereimaschinenfabrik, Kirchheim-Teck.

Die als Rosetten ausgebildeten Drehkreuze, beiderseits an den Faßböden sind dadurch entlastet und dienen nur noch zur zentralen Führung des Fasses. Diese Entlastung der Drehzapfen bewirkt aber auch eine Entlastung der Faßböden, die bisher bei allen Gerbfaßausführungen mehr oder weniger starken ständig wechselnden Biegungsbeanspruchungen ausgesetzt waren.

Durch die Wasserunterstützung wird der Druck, der durch das Gewicht der Faßfüllung von Innen auf die Dauben ausgeubt wird, von dem das Faß in gleicher Höhe umschließenden

Wasser ausgeglichen. Die Dauben haben demnach nicht mehr auf ihre ganze Länge das Füllungsgewicht frei zu tragen, da das Wasser den ganzen Druck aufnimmt und werden deshalb fast gar nicht mehr beansprucht, weil sie eigentlich nur als Trennungswand zwischen Wasser und Füllung dienen. Die ganze Beanspruchung der Dauben besteht nurmehr in der Übertragung der Drehbewegung, und dem Bewegen der Häute, aber nicht mehr im Tragen des Füllungsgewichtes, welches bei einem Faß normaler Größe cirka 300 Zentner beträgt. Rechnet man das Eigengewicht des Fasses mit 100 Zentnern hinzu, so sieht man wie stark die Beanspruchung der bisher ausgeführten Fässer war, und wie wesentlich deshalb die Entlastung des Columbusfasses auf die Lebensdauer

Abb. 16 Bayer. Maschf. Regensburg, F. F Schlageter

und Dichtheit des Holzfasses und der Eisenarmatur einwirken muß. Da das Faß im Wasser leicht rollt und an den Armkreuzen nahezu kein Lagerdruck zu überwinden ist, ist der Kraftverbrauch gering. Durch die doppelseitige Benetzung des Faßholzes von innen und außen schließen die Dauben vollständig hermetisch ab, woduch eine bisher unerreichte Dichtheit des Fasses erzielt wird.

Die Hauptlager der als Rosetten ausgebildeten Drehkreuze besitzen mit Pockholz ausgefütterte kugelbewegliche Lagerschalen, wie diese bei im Wasser laufenden Spurzapfenlagern an Turbinen schon stets mit gutem Erfolg angewendet wurden.

Ein automatisches Ventil bewirkt die Entlüftung des Fasses während des Ganges.

Treibhaspel mit und ohne Deckel.

Die Treibhaspel dienen zum Beizen, Gerben, Färben usw. der verschiedensten Häute und Fellsorten. Die bestbewährten, vollkommensten und rationellsten Konstruktionen zeigen nachstehende beide Abbildungen. Obwohl die Bauart der Haspel sehr einfach ist, so werden von Seiten der Lieferanten doch

Abb. 17. Gerbereimaschinenf. Kirchheim Teck.

sehr häufig grobe Fehler gemacht, indem die Haspel entweder in der Form nicht richtig gewählt werden, oder die Längen-, Breiten- und Höhen-Maße der Gefäße nicht miteinander übereinstimmen. Von der richtigen Gefäßeform und der Bottich- und Haspel-Maße zueinander, hängt aber die tadellose Funktion und das ordnungsgemäße Treiben der Häute und Felle ab.

Bei direktem Antrieb mittels Voll- und Leerscheibe müssen die Riemenscheiben einen großen Durchmesser erhalten, da sonst infolge der geringen Umdrehungszahl des Haspelrades der Antrieb nicht direkt von der Transmission erfolgen kann, sondern es ist alsdann die Anbringung eines Zwischen-Vor-

Abb. 18. Turner, Kurbelwalke Nr 242 Die Kurbelwalke dient zum Walken der Felle in den verschiedenen Gerbeflüssigkeiten.

geleges erforderlich. Bei rasch laufenden Antriebs-Transmissionen empfiehlt sich die Konstruktion mit eingebautem Räder-Vorgelege wie bei dem abgebildeten Haspel mit Deckel.

Die Anwendung kann auch so getroffen werden, daß die Gefäße im Boden gemauert sind und daß mehrere Haspel mit derselben Welle, einzeln ausrückbar, angetrieben werden.

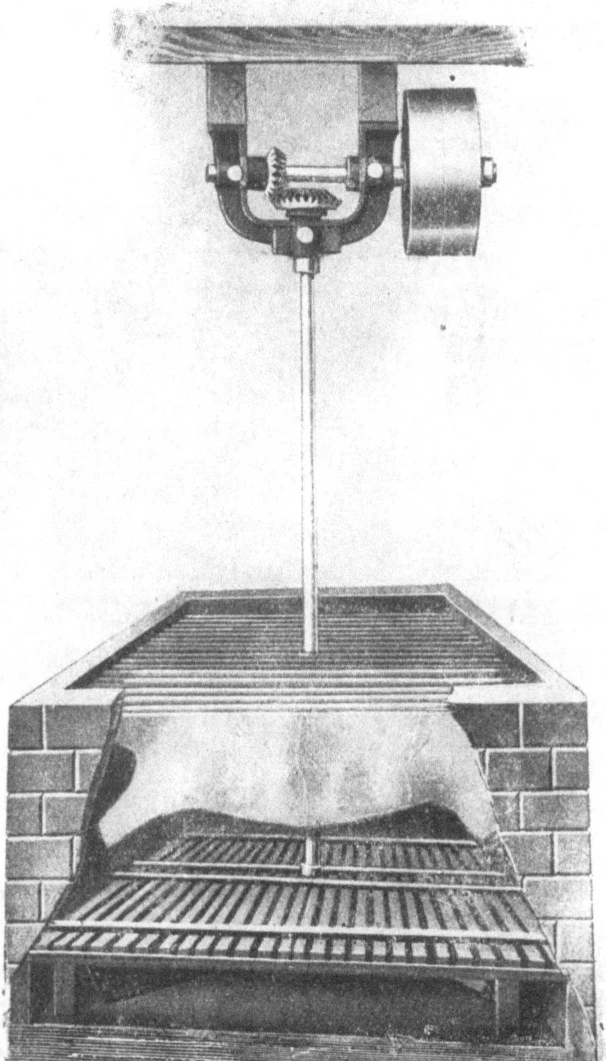

Abb. 19. Nicolai Clasen, Ottensen-Hamburg.
Rühräscher mit maschineller Bewegung der Felle in der Äscherflüssigkeit.

Walk-, Auswasch-, Färb-, Weich-, Äscher- und Chromgerb-Fässer.

Diese in der Praxis am besten bewährte Faßkonstruktion dienten zum Naß- und Trockenwalken, Auswaschen, Weichen, Äschern und Färben, sowie zum Chromgerben der verschiedensten Häute- und Fellsorten. Bei der Konstruktion ist auf Grund reicher Erfahrungen auf diesem Gebiete ganz besonders darauf Rücksicht genommen, daß Reparaturen wie bei anderen minderwertigen Konstruktionen fast ganz ausgeschlossen sind. Ferner ist ein Hauptaugenmerk auf die Lagerung der Rosetten-Achsen und des Antrieb-Vorgeleges gerichtet, indem solche als Ringschmierlager und kugelartig beweglich ausgebildet sind. Hieraus resultiert ein leichter Gang, geringer Kraftverbrauch und größte Betriebssicherheit. Die Zahnradübersetzung ist äußerst günstig gewählt. Die Bauart der Holzfässer ist erstklassig und stützt sich auf die größten Erfahrungen in diesem Fach.

Die Gerbereimaschinenfabrik Kirchheim-Teck bringt seit geraumer Zeit Gerberei-Fässer mit neuen zum Teil schon patentamtlich geschützten Antriebsvorrichtungen auf den Markt. Sie werden unter der Bezeichnung „Räderkasten" mit mehrfacher Übersetzung, bzw. Untersetzung für einseitige Drehrichtung und für verschiedene Geschwindigkeiten, aber auch für Vor- und Rückwärtsgang in den Handel gebracht. Diese Fässer mit dem patentamtlich geschützten Räderkasten werden besonders zum Weichen, Äschern und Auswaschen mit großem Erfolg verwendet, da alle die vorgenannten Arbeiten in ein und demselben Faß ohne Umladen der Häute ausgeführt werden können, womit große Zeit- und Arbeitsersparnis erzielt wird. Für die vorgenannten Zwecke werden die Holzfässer in den meisten Fällen mit einem Durchmesser von 3000 mm und einer Daubenlänge von ebenfalls 3000 mm gewählt, so daß ein solches Faß mit einer großen Menge Hautmaterial beschickt werden kann. Zum Antrieb eines solchen Riesenfasses genügt der kleine Räderkasten mit mehrfacher Untersetzung, dessen Antriebsscheiben von nur sehr geringem Ausmaße sind; der Antriebsriemen hierfür genügt in einer Breite von ca. 6—7 cm. Es geht daraus hervor, daß der Kraftverbrauch ein verhältnismäßig geringer sein muß, insbesondere aber ist zu erwähnen, daß der Gang ein dauernd leichter, ruhiger, ja fast völlig geräuschloser und stoßfreier ist, was einem solchen Faß natürlich eine große Lebensdauer verleiht. Sämtliche Lager, also jene des Vorgeleges als auch jene der Rosettenzapfen sind mit sicherwirkender Ringschmierung versehen, die Rosettenzapfen selbst sind durchbohrt, so daß von der einen Seite die Äscherbrühe und von der anderen das Spülwasser zugeführt werden kann.

Außer diesen vorgenannten Fässern mit dem Räderkasten für einseitige Drehrichtung bringt die Gerbereimaschinenfabrik Kirchheim-Teck auch Gerbfässer mit patentamtlich geschützten Antriebsräderkästen für Umkehrbewegung, also für Rechts- und Links-Gang, auf den Markt und zwar dergestalt, daß der Antrieb ebenfalls nur mittelst eines Riemens von ca. 6 bis 7 cm Breite geschieht.

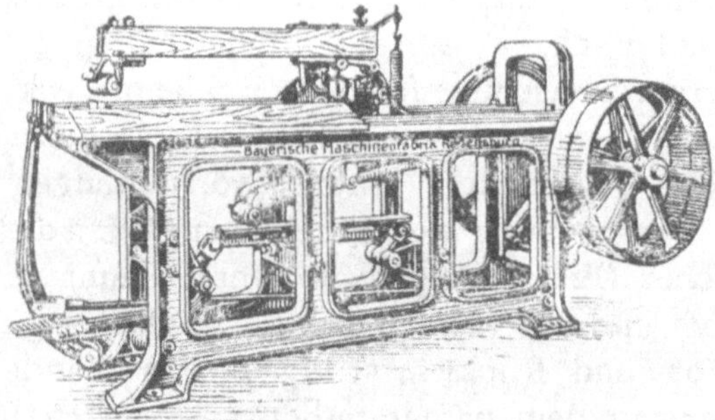

Abb. 20. Bayer. Maschinenf. Regensburg, F. F. Schlageter.

Das Stollen.

Bei mineralgegerbten Ledern ist das Stollen ein weit wichtigerer Prozeß als bei der Rotlederfabrikation. Manche Mineralgerbungen, wie die Eisengerbung, liefern beim Trocknen ganz harte hornige Leder, welche erst beim Stollen wieder erweichen und brauchbar werden. Das Stollen verhindert das Zusammenbacken der einzelnen Faserbündel, wenn daher die Leder gut eingefettet sind und die Faserbündel bereits durch das Fett auseinander gehalten werden ist das Stollen erleichtert. Ohne Stollmaschinen wäre das Weichen eisengegerbter Leder nicht möglich. Man muß darauf achten, daß vor dem Stollen nicht zu stark vorgetrocknet wird und anderseits, daß der Feuchtigkeitsgrad beim Stollen nicht zu groß ist, da sonst das Leder nach dem Austrocknen sich wieder zusammenzieht. Die modernen Stollmaschinen, von denen die Abbildungen 20 und 23 Seite 85 eine Anschauung gewähren, können für die allerverschiedensten Lederarten Verwendung finden.

Abb. 21. F. Panecks Sohn G. m. b. H Falzmaschine Nr. 176.

Das Falzen.

Beim Falzen werden die Leder dadurch zu einer gleichmäßigen Dicke gebracht, daß die Fleischseite abgehobelt oder abgeschliffen wird. Auch für das Falzen ist es besser, bereits gefettete Leder zu verwenden, weil bei gefetteten Ledern die Messer nicht so stark angegriffen werden, als bei un-

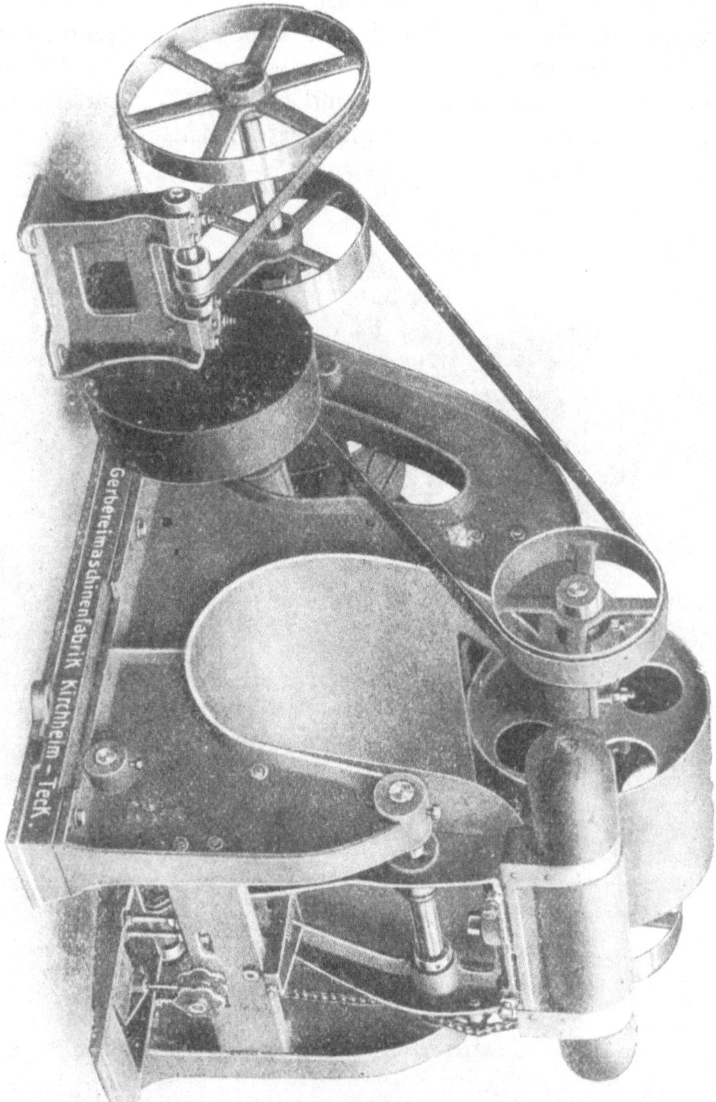

Abb. 22. Gerbereimaschinenf. Kirchheim-Teck. Falzmaschine.

gefetteten. Das Maschinenfalzen ist fur die Mineralgerbung Bedingung; es werden mit den modernen Maschinen auch bei mineralgegerbten Ledern gute Erfolge erzielt.

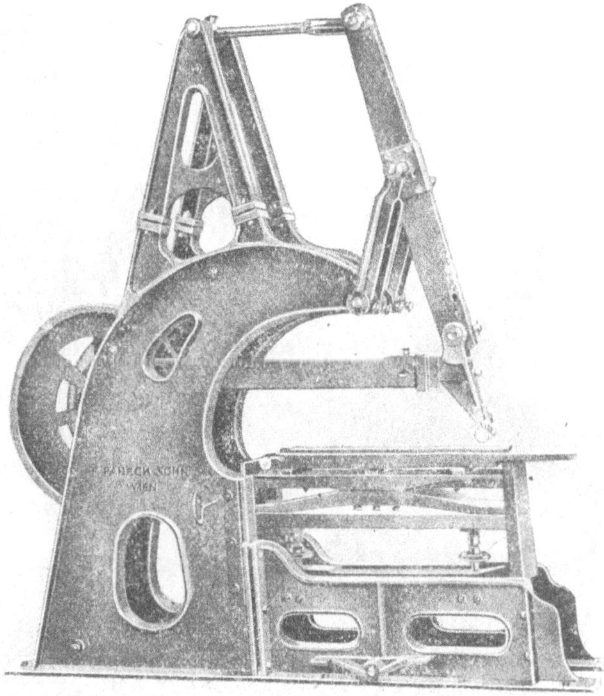

Abb. 23. F. Panecks Sohn, G. m. b. H. Lederstollmaschine.

Abb. 24. Fortuna-Krispel-Levantier-Pantoffel-Maschine.

Abb. 25. Turner, Kombinierte Falz- und Blanchiermaschine. Die abgebildete Maschine läßt sich durch Einsetzen der passenden Werkzeuge abwechselnd beliebig als Falzmaschine oder als Blanchiermaschine verwenden.

Das Glanzstoßen.

Der Glanz der Oberfläche mineralgegerbter Leder wird außerordentlich erhöht, wenn die Narbenfläche mit einem harten und glatten Gegenstand abgerieben wird. Auch durch maschinelles Abbürsten kann man hohen Glanz erzielen. Durch besondere Appretiermaschinen trägt man auf die mineralgegerbten Leder Glanzappreturen auf, welche nicht nur die Intensität des Glanzes erhöhen, sondern auch ganz besonders die Reibechtheit der Farben steigert. Die Behauptung, daß mineralgegerbte Leder sich schwer glänzen lassen, ist veraltet, da durch die modernen Glanzstoßmaschinen allen Ansprüchen des Handels an Glanzleder auch bei mineralgegerbten Ledern genügt werden kann.

Vorstehende Maschine Fig. 24 Seite 85 dient zum Weichmachen und Krispeln von Häuten und Fellen. Sie verarbeitet sowohl die schwersten Häute als auch die leichtesten und empfindlichsten Fellsorten, was bis jetzt auf keiner anderen Krispelmaschine in ähnlicher Weise möglich war.

Die Maschine eignet sich in gleicher Weise zum Untersichziehen und zum Übersichziehen der Häute oder Felle in trockenem oder feuchtem Zustand. Man erzielt mit ihr einen schönen Krispelnarben, und sie gibt dem künstlich gepreßten Narben Weichheit sowie ein natürliches Aussehen. Der Arbeitsdruck der Krispelplatten läßt sich für jede Ledersorte und Lederstärke in weiten Grenzen leicht und schnell verstellen. Durch eine besondere Anordnung der Krispelplatten wird eine gleichmäßige Bearbeitung ungleich starker Hautstellen gewährleistet, und die harten Teile der Haut werden kräftig bearbeitet, während die weichen Bauchseiten und Flahmen geschont werden. Die „Fortuna“ leistet eine vollkommen fertige Arbeit und macht jede Nachbehandlung mit der Hand überflüssig. Eine ernsthafte Beschädigung des Leders ist selbst bei unsachgemäßer Bedienung ausgeschlossen.

Der Antrieb erfolgt durch eine Riemenscheibe.

Die Bedienung der Maschine ist die denkbar einfachste. Geringe Übung genügt, um mit der Maschine arbeiten zu können. Das Ein- und Ausrücken, das Öffnen und Schließen der Krispelplatten geschieht durch Betätigung eines einzigen Hebels, und hieraus erklärt sich die große Leistungsfähigkeit der Maschine.

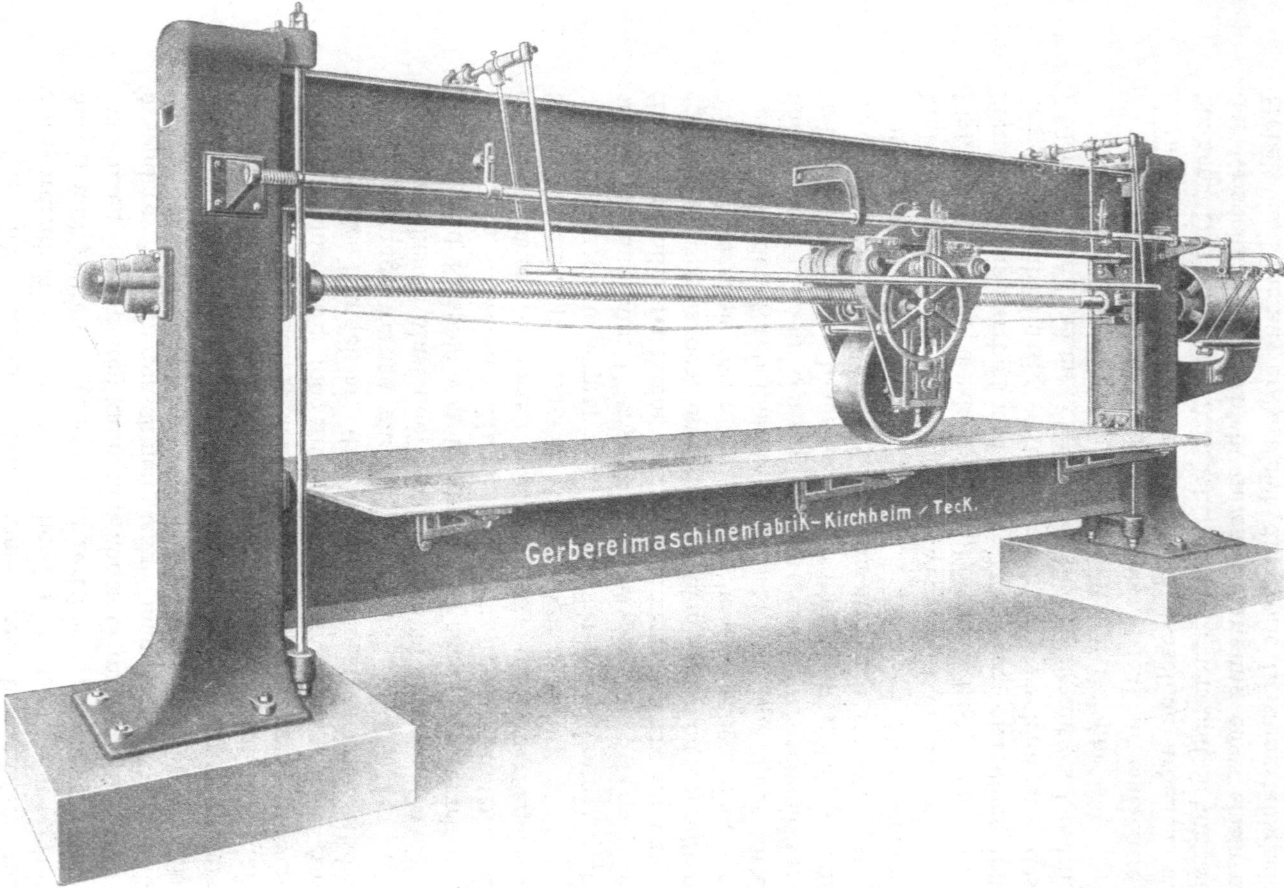

Abb. 26. Narbenpresse-Lederwalze.

Die Maschine ist in allen Teilen äußerst kräftig und stabil gebaut, insbesondere sind die stark beanspruchten Teile reichlich bemessen. Zur Verwendung gelangt nur bestes Material. Wellen und Bolzen sind aus Stahl hergestellt sowie zum größten Teil gehärtet und laufen in Phosphorbronzelagern, so daß der Verschleiß auf ein Mindestmaß beschränkt ist. Der Kraftbedarf der Maschine ist gering.

Die „Fortuna"-Krispelmaschine wird in drei verschiedenen Größen gebaut: Modell P I (Abbildung auf Titelseite des Kataloges) eignet sich besonders für Felle aller Art, während sich für die Verarbeitung von Häuten die Verwendung der größeren Modelle P II und P III (gemäß umseitiger Abbildung) empfiehlt.

Durch maschinelles Narbenpressen mit Maschinen wie Abb. 26 eine zeigt, lassen sich fast alle Naturnarben derart vollkommen nachahmen, daß nur eine sehr genaue Prüfung eine Entscheidung darüber ermöglicht, ob ein Naturnarben oder ein künstlicher Narben vorliegt.

Platten-, Chagrinier-, Satinier- und Bügelmaschine „Regina" D. R. P.

mit feststehendem Arbeitstisch, feststehender Preßplatte und Unfallverhütungs-Vorrichtung.

Von allen bis jetzt bekannten Chagrinier- und Bügelmaschinen eignet sich, wie schon allgemein bekannt, am besten und vorteilhaftesten das System mit Preßplatten. Maschinen mit Rollen oder hydraulischer Anordnung haben sämtlich mehr oder weniger große Nachteile, so daß man uberall den Plattenpressen den Vorzug gibt.

Auch unter dieser Konstruktion existieren noch verschiedene Ausführungsarten. Zuerst hat man den Arbeitstisch festgestellt und den Preßkasten mit Platten gehoben und gesenkt. Durch den schwerfälligen, umständlichen Mechanismus zum Heben und Senken des Preßkastens entstand ein großer Verschleiß, hoher Kraftverbrauch, viel Reparaturen und Betriebsstörungen. Die Konstruktion wurde dahin geändert, daß statt des Preßkastens der Arbeitstisch gehoben und gesenkt wurde. Die Nachteile sind dabei aber naturgemäß fast dieselben geblieben. Ferner haben diese Konstruktionen den großen Fehler,

Abb. 27. Gerbereimaschinenf. Kirchheim-Teck.

daß die Bedienung gefahrvoll ist, was die Praxis bestätigen kann; außerdem ist es für das zu bearbeitende Leder sehr nachteilig, da dasselbe so lange mit dem heißen Preßkasten in Beruhrung bleibt, bis der Preßwagen am Ende angelangt ist.

Alle diese Nachteile sind bei der nebenstehenden Neukonstruktion vermieden und darf diese Maschine daher als die beste, vollkommenste, leistungsfahigste und rationellste Plattenpresse bezeichnet werden. Die Spindel läuft in doppelten Stützkugellagern, was einen leichten, geräuschlosen Gang bei geringstem Kraftverbrauch gewährleistet. Reparaturen und Betriebsstörungen sind fast gänzlich ausgeschlossen.

Appretier-Maschine Nr. 254. (Siehe Seite 92.)

Nach zahllosen, jahrelangen Versuchen ist es uns jetzt gelungen, eine Maschine herzustellen, die das bisherige Problem des Glanzauftragens bei Chromoberledern endgültig löst.

Unsere Neukonstruktion Nr. 254 ersetzt nicht nur die sorgfältigste Handarbeit, sondern übertrifft sie in bezug auf Gleichmäßigkeit, Schnelligkeit und Billigkeit.

Die Ausstattung der Maschine ist mannigfaltig; ebenso groß ist auch die Anpassungsfähigkeit der arbeitenden Werkzeuge. Eine Serie von Walzen verschiedener Art und mit unterschiedlichen Bewegungen besorgt das Auftragen, Verteilen und Einreiben des Glanzes, wahrend die zu bearbeitenden Leder mittels eines endlosen Gummibandes durch diese Batterie der Werkzeuge gefuhrt werden.

Eine zweckmaßige Vorrichtung verhindert das Beschmutzen der Aasseite durch Appretur.

Alles uberschussige Material fließt in ein Sammelbecken, aus welchem es durch eine Pumpe wieder in den Aufgabebehälter befördert wird. Es entsteht also kein Materialverlust, wie dies bei der Handarbeit unvermeidlich ist. Die große Leistung der Maschine der Menge nach erspart ferner Arbeitsraum und Lohn, so daß die Anschaffungskosten schnell amortisiert werden.

Größe	V	VII
Durchgangsweite	1520 mm	2130 mm
Stündliche Leistung	ca. 300—500 Felle	ca. 200 Hälften
Bedienung	2 Mann	2 Mann
Betriebskraft	ca. 3 PS	ca. 3—4 PS
Antriebsscheiben des Vorlegers (fest und lose) Durchmesser	500 mm	500 mm
Breite	120 „	120 „
Tourenzahl des Vorgeleges	125 p. m.	125 p. M.
Aufstellungsraum	2500 × 2000 mm	3100 × 2000 mm
Nettogewicht	ca. 1300 kg	ca. 1750 kg
Bruttogewicht	„ 1700 „	„ 1950 „
Bruttogewicht bei Seemäßiger Verpackung	„ 1850 „	„ 2200 „
Kubikmaß bei Seemäßiger Verpackung	ca. 7 cbm	ca. $8^1/_2$ cbm

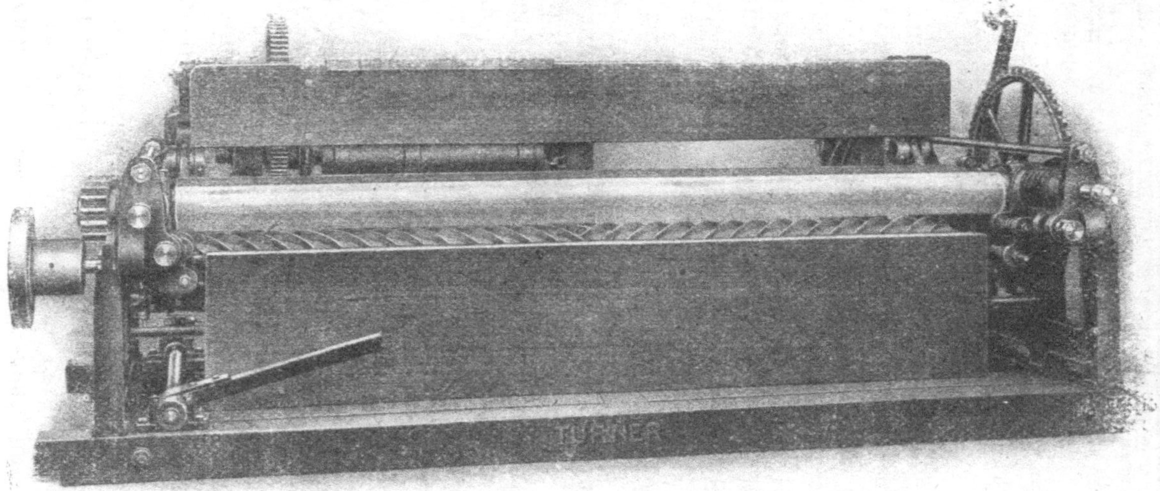

Abb. 28 Turner, Appretiermaschine.

Abb. 29. Schwärz-, Färbe- und Aböl-Maschine „Applicator“.

Satinieren und Chagrinieren.

Durch Satinier- und Chagriniermaschinen kann man dem Leder vermittels gekörnelter Walzen ein fein genarbtes Aussehen verleihen. Je nach Geschmack chagriniert man entweder übers Kreuz oder in der Längsrichtung. Durch die Maschinen wird auch bei mineralgegerbtem Leder den Fellen ein matter Glanz beigebracht.

Lederschleifmaschine mit rotierender Trommel.

Diese Bauart dient im allgemeinen denselben Zwecken wie vorstehend beschriebene und abgebildete Maschine mit endlosem Schleifband. Sie ist im Gegensatz hierzu mit einer rotierenden Trommel versehen, auf welcher das Schmirgelband

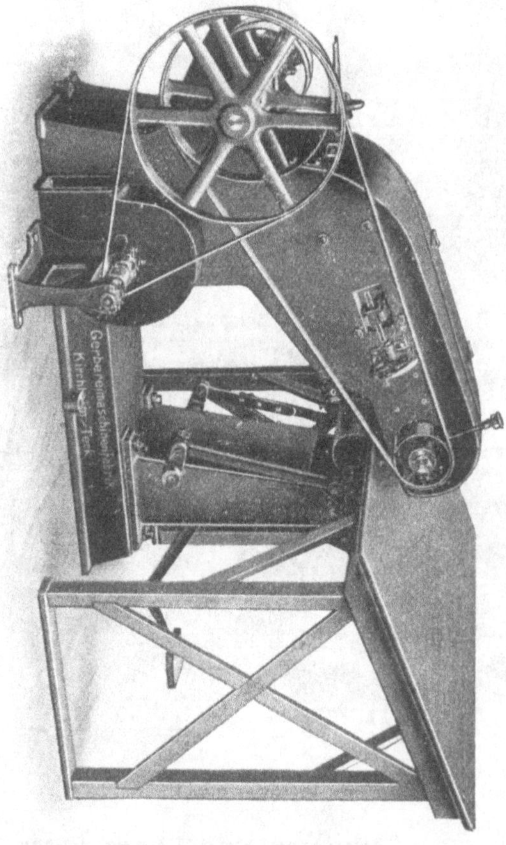

Abb. 30. Lederschleifmaschine mit endlosem Band und angetriebener Gegendruckwalze.

in beliebiger Kornung leicht aufgezogen und bequem ausgewechselt werden kann. Der Bau ist ein verhältnismäßig einfacher aber sehr kräftiger, denn die ganze Maschine ruht auf einer schweren gußeisernen Fundamentplatte, die Hauptlager sind mit Ringschmierung versehen und durch diese Anordnung wird der Maschine ein dauernd leichter und ruhiger Gang bei verhältnismäßig geringem Kraftverbrauch verliehen. Auch jede Erschütterung in der Maschine ist ausgeschlossen, so daß alle Ledersorten und Abfälle, gleichviel ob leicht oder schwer, vorteilhaft geschliffen werden können. Über der Schleiftrommel sitzt eine staubdicht abgeschlossene Haube, die auf der Abbildung allerdings nicht ersichtlich ist. Diese Haube steht durch eine Rohrleitung mit dem Ventilator in Verbindung und beim Betrieb der Maschine wird der entstehende Schleifstaub sofort von dem Leder abgezogen, wie auch hierdurch eine Staubbildung im Arbeitsraum vermieden wird. Die Gegendruckwalze mit ihrer langen Auflagefläche ist maschinell angetrieben, sodaß das Schleifgut der Maschine ganz automatisch zugeführt wird. Hierdurch wird die Bedienung wesentlich vereinfacht und bequem und kann daher von jedem ungeschulten Arbeiter sofort vorgenommen werden. Durch Auswechseln der Werkzeugtrommel kann die Maschine auch für andere Zwecke Verwendung finden so z. B. beim Einsetzen einer Bürstentrommel zum Abbürsten und Glanzbürsten, und beim Einsetzen einer Poliertrommel zum Polieren der in Frage kommenden Leder, oder aber beim Einsetzen einer Reckerwalze zum Ausstoßen, Ausrecken und Aussetzen.

Bedienung	Aufstellungsraum			Riemenscheiben			Kraftbedarf	Gewicht ca			Schiffsraum	Schlüsselwort
	Länge mm	Breite mm	Höhe mm	Durchmesser mm	Breite mm	Umdrehungen in der Minute	ca PS	netto kg	brutto kg	seemäßig verpackt kg	cbm	
1 Mann oder 1 Junge	2100	1600	1300	400	110	250	3 —4	850	900	1050	3	Unger

Dolieren oder Schmirgeln.

Behandelt man mineralgegerbte Leder auf rasch rotierenden Trommeln, welche entweder aus Schmirgelmasse hergestellt sind, oder welche mit feinem Glas oder Schmirgelpapier überzogen sind, so erzielt man einen weichen Griff und gefälliges Aussehen der so behandelten Lederarten. Nament-

Abb. 31. Glacélederfärbemaschine Nr. 265

lich für die Feinlederfabrikation sind Doliermaschinen unumgängliche Voraussetzung.

Für sehr empfindliche Glacéleder empfiehlt sich statt der Färbung im Faß, eine Färbung mit einer Glacélederfärbemaschine wie Abb. 31 eine als Beispiel zeigt.

Abb. 32. Bayer. Maschinenf., F. F. Schlageter.
Rotierende Lederwelkpressen sind imstande ohne Faltenbildung gleichmäßig abzuwelken.

Abb. 33. Doliermaschine.

Bimsmaschine (Abb. 33)
mit einer oder zwei Trommeln.

Zum Bimsen (Abschleifen) der Felle in feuchtem Zustande leisten die Bimsmaschinen in der Weißgerberei, speziell bei der Handschuh- oder Kleiderlederfabrikation vorzügliche Dienste. Eine Bimsmaschine ersetzt nicht allein mehrere Arbeiter, welche die Felle von Hand schleifen, sondern macht auch die Arbeit bedeutend schöner und gleichmäßiger.

Bei dieser Bimsmaschine mit einer Trommel ist die Steinwalze in einem gußeisernen Gestell montiert, das aus einem Stück gegossen und mit guten Lagerungen versehen ist, die ein leichtes Auswechseln der Trommel gestatten. Wird die Bimsmaschine mit zwei Steinwalzen ausgefuhrt, so sitzen letztere leicht auswechselbar auf einer Welle und erhalten gemeinschaftlichen Antrieb.

Einbrennen von Fett.

Nebenstehende Abbildung 34 zeigt die Konstruktion eines Einbrennkessels, welcher zum Einfetten und Einbrennen die weitgehendste Verwendung findet. Die Einrichtung dieses Apparates ermöglicht ein viel schnelleres und sorgfältigeres Arbeiten als von Hand, indem durch das Eintauchen das erwärmte Schmiermaterial von dem Leder sehr gleichmaßig und intensiv aufgenommen wird. Außerdem erhalten die Leder durch die größere Fettaufnahme ein hoheres Gewicht und gleichmaßigere hellere Farbe bei großer Leistungsfahigkeit. Die Bedienung ist äußerst einfach und bequem.

Der Fetteinbrennkessel ist als Doppelkessel mit einem Außen- und einem Innenmantel konstruiert. Der durch diese beiden Wandungen gebildete Zwischenraum dient als Heizraum, welcher mit Wasser gefullt wird, wobei ein Verbrennen des Leders und des Schmiermaterials ausgeschlossen ist. Die Erwarmung dieses Heizwassers erfolgt durch Einleiten von Dampf auf einen beliebigen Wärmegrad.

Das Einhängen der Häute erfolgt in der bekannten Weise an Stangen bezw. Haken. Die zum Einbrennkessel gehörige Armatur besteht aus je einem Ventil fur Dampf und Wasser, einem Fettablaßhahn, sowie einem Überlauf- und Wasserablaßstutzen.

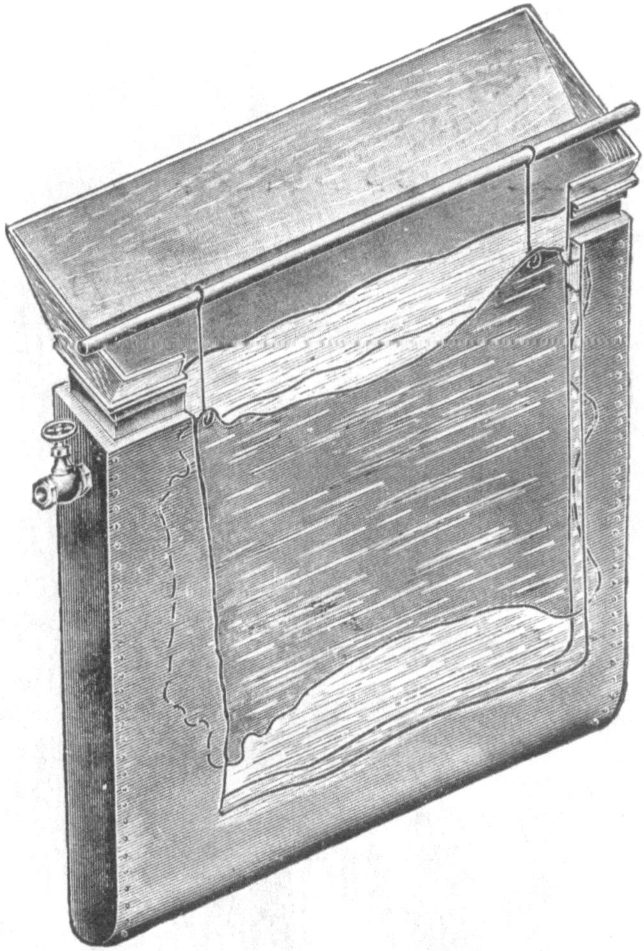

Abb. 34. Nicolai Clasen, Ottensen-Hamburg.

Die Montage des Fetteinbrennkessels erfolgt gewöhnlich in der Weise, daß der Kessel auf Tragbänder aufliegend teilweise in den Fußboden eingelassen wird.

Nr.	Lichte Länge mm	Lichte Höhe mm	Lichte Breite mm	Gewicht ca netto kg			Schiffsraum cbm	Schüsselwort
				netto kg	brutto kg	seem. verp. kg		
1	2000	2000	250	900	900	950	1,50	Latte
2	3000	2500	300	2050	2050	2100	3,70	Luppe

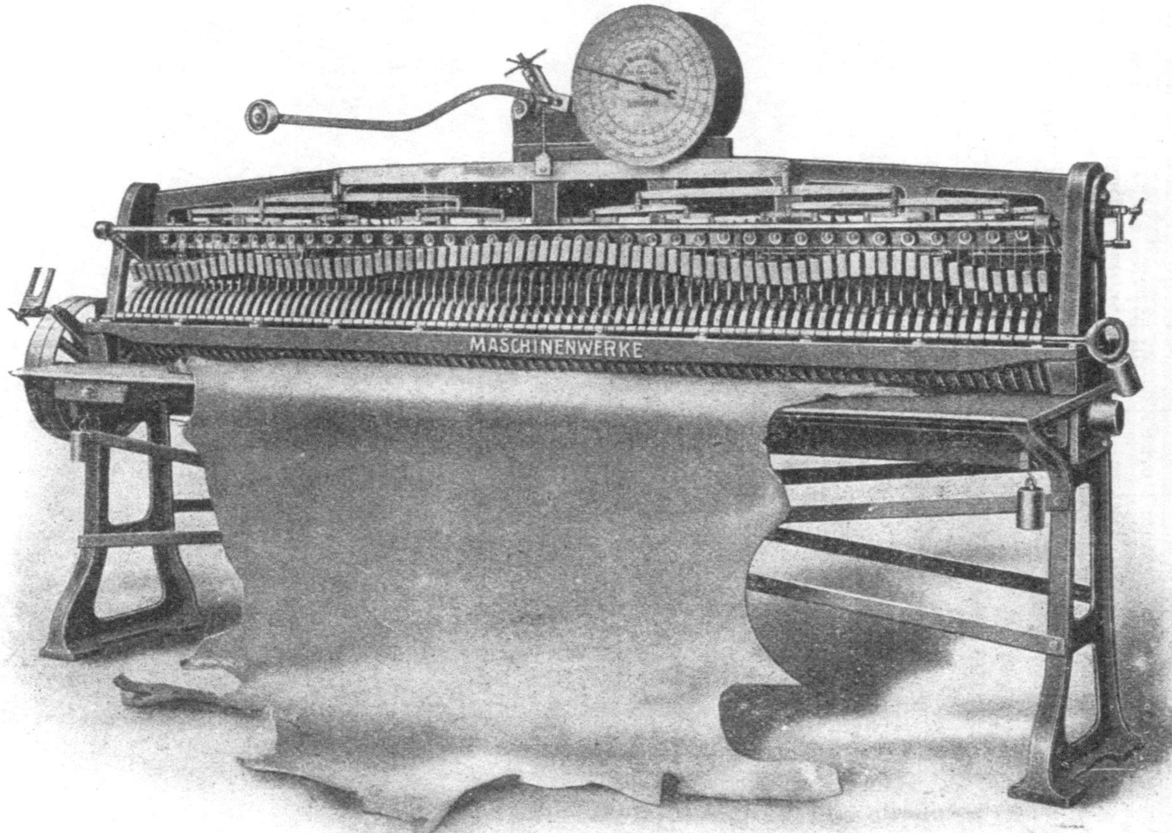

Abb. 35. Ledermessmaschine. Maschinenwerke vorm. Kolb, Rieber & Co.

Meßmaschine.

Da Leder in immer steigendem Maße nach Fläche gehandelt werden erlangen die Ledermeßmaschinen immer größere Verbreitung.

Als Genauigkeit für die Flächenmessung ist vom Lederaichamt eine Genauigkeit von 2 % der gemessenen Fläche vorgeschrieben.

Lederaufrollmaschine.

Sogar das Aufrollen der fertigen Leder wird in den modernen Lederfabriken durch Maschinen besser und billiger als durch Hand bewirkt.

Abb. 36. Turner, Lederaufrollmaschine.

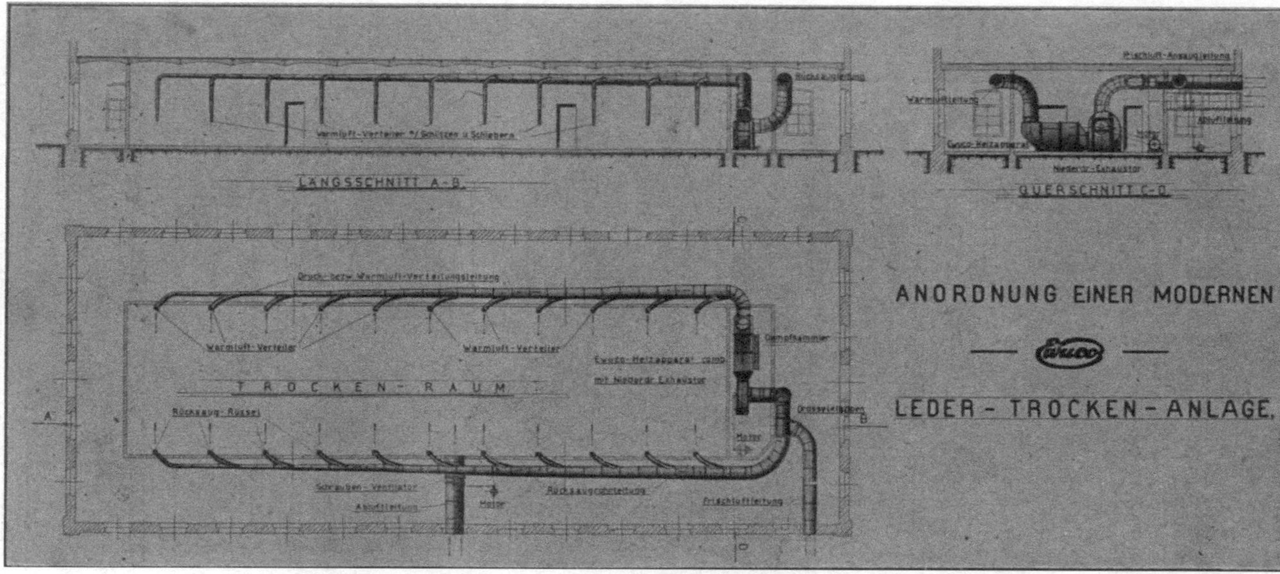

Abb. 37. Leder-Trocken-Anlage.

Bei der Mineralgerbung erfordert das Trocknen der Leder ganz besondere Sorgfalt. Abb. 37 zeigt die Anordnung einer Trocken-Anlage für eine moderne Mineralgerbungsfabrik. Die große Zahl der in diesem Buche abgebildeten Maschinen zeigt, welche Kapitalien und welches Arsenal von komplizierten Maschinen ein moderner Mineralgerbungsbetrieb erforderlich macht.

IM JAHRE 1924 LAUFENDE DEUTSCHE REICHSPATENTE ÜBER LEDERGERBUNG.

D. R. P. 334 004.

1.
Chemische Fabriken vorm. Weiler-ter-Meer in Uerdingen, Niederrhein. „Verfahren zum Gerben mittels Salzlösungen des dreiwertigen Eisens."

1. Verfahren zum Gerben mittels Salzlösungen des dreiwertigen Eisens, dadurch gekennzeichnet, daß man zunächst mit einer Lösung 3 oder mehr Stunden lang angerbt, die kein oder sehr wenig basisches Salz enthält, und erst darauf allmählich ein Abstumpfungsmittel (Alkalien oder alkalische wirkende Stoffe) zusetzt.

2. Ausführungsform des Verfahrens nach Anspruch 1, darin bestehend, daß Gemische von Salzen des dreiwertigen Eisens und dreiwertigen Chroms verwendet werden.

3. Ausführungsform des Verfahrens nach Anspruch 2, darin bestehend, daß Gemische von Eisen und Chromsalzen verwendet werden, welche außerdem Oxydations- und Zersetzungsprodukte von Glukose oder anderen Zuckerarten enthalten, wie sie z. B. bei der Oxydation der Zuckerarten mittels Chromsäuren oder Chromaten entstehen.

D. R. P. 330 858.

2. Alaun basisch.
Dr. Ernest Wyndham Merry in Bramall Lane, Sheffield, County of York, England. „Verfahren zum Gerben von Häuten und Fellen."

Verfahren zum Gerben von Häuten und Fellen unter Verwendung von Alaun und Natriumpyrophosphat, dadurch gekennzeichnet, daß in der Gerbbrühe im Verhältnis zu dem Gewicht der zu gerbenden Häute oder Felle vorhanden sind: 20—40 Prozent Wasser, 10 Prozent kristallisierter Alaun mit

24 Molekülen Kristallwasser, 1,4—2 Prozent wasserfreies Natriumpyrophosphat und etwa 5 Prozent eines milden Schwellmittels, wie Kochsalz.

D. R. P. 328 240.

3. Schwefel-Zelluloseablauge.

Jean Reerinck in Homburg v. d. Höhe, Gonzenheim. „Verfahren zur Herstellung von Leder für technische Zwecke."

1. Verfahren zur Herstellung von Leder für technische Zwecke, dadurch gekennzeichnet, daß die Blößenhaut mit Natriumthiosulfat eingewalkt und hierbei in an sich bekannter Weise Sulfitzelluloseablauge zugegeben wird.

2. Ausführungsform des Verfahrens nach Anspruch 1, darin bestehend, daß die Blöße zunächst mit unterschwefligsaurem Natrium eingewalkt, dann in einer Brühe aus durch Wasser verdünnter Sulfitzelluloseablauge, der gegebenenfalls etwas wasserlösliches Gerböl beigegeben sein kann, weiter behandelt und nach erfolgter Durchgerbung im trocknen Zustand gekrispelt und in üblicher Weise zugerichtet wird.

D. R. P. 322 166.

4. SiO_2.

Société Genty, Hough & Cie. in Paris. „Verfahren zum Gerben von Häuten und Fellen."

Verfahren zum Gerben von Häuten und Fellen, darin bestehend, daß man die Häute oder Felle mit einer Silikatlösung tränkt und dann die Kieselsäure in den Hautporen durch ein geeignetes Fällungsmittel zur Abscheidung bringt.

D. R. P. 319 859.

5.

Max Stecher, Emil Stecher und Richard Stecher in Freiberg in Sachsen. „Verfahren zur Herstellung zäher und lagerbeständiger Eisenleder jeder Art.

Verfahren zur Herstellung zäher und lagerbeständiger Eisenleder jeder Art gemäß Patent 314 487, dadurch gekennzeichnet, daß die mit einem überschüssigen Oxydationsmittel versehene Eisenoxydsalzlösung in Mischung mit Lösungen von pflanzlichen Gerbstoffen oder deren künstlichen Ersatzstoffen zur Gerbung verwendet wird.

D. R. P. 314 885.

6.

K. Wilh. Mensing in Freiberg in Sa. „Verfahren zur Herstellung zäher und lagerbeständiger Eisenleder jeder Art."

1. Verfahren zur Herstellung zäher und lagerbeständiger Eisenleder jeder Art gemäß Patent 314487, dadurch gekennzeichnet, daß das Auswaschen der ungebundenen Eisensalze sowie die Behandlung mit alkalischen Lösungen erst nach Trocknung bezw. Fettung ausgeführt wird.

2. Gerben mit Eisensalzen gemäß Patent 314487 dadurch gekennzeichnet, daß eine Nachbehandlung mit Lösungen pflanzlicher Gerbstoffe oder ähnlicher Stoffe stattfindet.

3. Gerben mit Eisensalzen gemäß Patent 314487, dadurch gekennzeichnet, daß eine Behandlung mit Reduktionsmitteln, gegebenenfalls unter vorausgehender Behandlung mit verdünnten Säurelösungen erfolgt.

4. Gerben mit Eisensalzen gemäß Patent 314487, dadurch gekennzeichnet, daß die gegerbten und zugerichteten Eisenleder wie pflanzlich gegerbte Leder von der Fleischseite zugerichtet werden.

D. R. P. 314 487.

7.

K. Wilh. Mensing in Freiberg in Sa. „Verfahren zur Herstellung zäher und lagerbeständiger Eisenleder jeder Art."

1. Verfahren zur Herstellung zäher und lagerbeständiger Eisenleder jeder Art, darin bestehend, daß die Gerbung mit Ferrisalzen in Gegenwart eines Überschusses an Oxydationsmitteln ausgeführt wird.

2. Eine Ausbildung des Verfahrens nach Anspruch 1, darin bestehend, daß bei der Herstellung der zur Gerbung benutzten Eisenlösung eine Temperatur von 35 ° C nicht wesentlich überschritten und die Lösung darauf rasch auf Zimmertemperatur abgekühlt wird.

3. Eine weitere Ausbildung des Verfahrens nach Ansprüchen 1 und 2, darin bestehend, daß die Eisengerbung sofort mit starken Ferrisalzlösungen erfolgt.

4. Eine Ausführungsform des Verfahrens nach Ansprüchen 1, 2 und 3, darin bestehend, daß die vollständig entkalkten Blößen mit schwach alkalisch reagierenden Salzen

oder mit basisch gemachten Aluminium- und Chromoxydsalzen vorbehandelt und sodann mit neutralen oder schwach sauren Ferrisalzen ausgegerbt werden.

D. R. P. 319 705.

8.

Max Stecher, Emil Stecher und Richard Stecher in Freiberg (Sachsen). „Verfahren zur Herstellung zäher und lagerbeständiger Eisenleder jeder Art."

Verfahren zur Herstellung zäher und lagerbeständiger Eisenleder jeder Art gemäß Patent 314 487, dadurch gekennzeichnet, daß als Oxydationsmittel für die Eisenoxydlösung oxydierend wirkende, eisenfreie Chlorverbindungen, vorzugsweise in Form von Chloraten oder Chlorsäure, benutzt werden.

D. R. P. 383 369.

9. Chrom.

Pierre Julien Clement Margottoe in Niort Frankr. „Verfahren und Vorrichtung zum Gerben von Fellen."

1. Verfahren zum Gerben von Fellen (insbesondere für Handschuhfabrikation) in zwei Stadien, von denen das eine in einer Gerbung durch Chromoxyd besteht und das andere in einer sehr leichten Ölgerbung, dadurch gekennzeichnet, daß nach Beendigung des ersten Gerbevorganges die Felle der Einwirkung von Alkoholdämpfen unterworfen werden, um die Felle zu trocknen, worauf diese in Öl getaucht werden, worauf man sie der Wärme aussetzt, um die Entfernung des Alkohols in Form von Dämpfen zu erreichen, welche die in den Fellen enthaltene Feuchtigkeit mitnehmen, während das absorbierte Öl in den Fellen verbleibt, oxydiert und so eine neue Gerbung herbeiführt.

2. Vorrichtung für Ausführung des Verfahrens nach Anspruch 1, gekennzeichnet durch eine sechsseitige Trommel, die eine zu ihrer Achse geneigte durchbohrte Scheidewand 2 hat und zur Aufnahme der Badflüssigkeit dient, ferner durch eine abgedichtete Kammer 10, in die auf Rollen laufende, mit Hilfe einer besonderen Schiebevorrichtung 11 bewegte Rahmen die aufgespannten Felle einbringen und in welcher der Reduktions-, Neutralisations- und Trocknungsprozeß vorgenommen werden unter Anwendung eines Venti-

lators X und eines Radiators H, der in Verbindung steht mit zwei Behältern A, K, in denen als Gas zum Ausströmen gelangt, und die mit einer Expansionsvorrichtung D verbunden sind, wobei die Gase durch die Vorrichtung G, M, L wiedergewonnen werden.

D. R. P. 383 477.

10. Alaun.

Edmund Simonsen in Dresden. „Verfahren zur Herstellung von Handschuhleder ohne Eigelb.

1. Verfahren zur Herstellung von Handschuhleder dadurch gekennzeichnet, daß eine glyzerinfreie alkoholische Lösung von fettsaurem Ammonium als Ersatz des Eigelb gebraucht wird.

2. Verfahren nach Anspruch 1, dadurch gekennzeichnet, daß die Häute zuerst mit der mit Wasser verdünnten alkoholischen Lösung von fettsaurem Ammonium behandelt werden, wobei ein zum gleichen Zwecke bekannter Zusatz von phosphorsaurem Natrium gemacht wird, und daß darauf eine Behandlung mit einer bei der Handschuhlederherstellung an sich bekannten Flüssigkeit aus einem Tonerdesalz, Soda, Mehl und Kochsalz folgt.

D. R. P. 379 698.

11. Mineral mit Kieselsäure. Ferri. Alaun.

Dr. Otto Röhm in Darmstadt. „Verfahren zur Herstellung von mineralisch gegerbten Leder."

1. Verfahren zur Herstellung von mineralisch gegerbten Ledern mittels Lösungen von Metallsalzen und kieselsauren Salzen, z. B. Wasserglas, dadurch gekennzeichnet, daß man anstatt wie beim Verfahren des Hauptpatents 378 450 die Blöße während der Gerbung mit Hilfe von Eisensalzen mit Wasserglaslösungen zusammenzubringen, hier Chromsalze oder Aluminiumsalze zugleich mit kieselsauren Salzen zur Lösung verwendet.

2. Verfahren nach Hauptpatent und nach Patentanspruch 1, dadurch gekennzeichnet, daß man die verwendete Wasserglaslösung zuerst ansäuert und unmittelbar darauf mit den Metallsalzen mischt.

3. Verfahren nach Anspruch 1 und 2, gekennzeichnet durch Mitverwendung von Aldehyden, insbesondere Formaldehyd, vor, während oder nach der Mineralgerbung.

D. R. P. 378 450.

12. Eisensilikat.

Dr. Otto Röhm in Darmstadt. Verfahren zur Herstellung von Eisenleder.

1. Verfahren zur Herstellung von Eisenleder mittels Lösungen von Eisensalzen und kieselsauren Salzen, z. B. Wasserglas, dadurch gekennzeichnet, daß man die Blöße während der Gerbung mittels Eisensalzen mit Wasserglaslösungen zusammenbringt, indem man entweder in einer durch Vermischen von Eisensalzlösung mit verdünnter Wasserglaslösung erhaltenen Eisensilikatlösung gerbt, oder indem man die Blöße zunächst in die Eisensalzlösung bringt, und dann die gewünschte Menge Wasserglaslösung langsam zusetzt.

2. Verfahren zur Herstellung von Eisenleder nach Anspruch 1, gekennzeichnet durch Mitverwendung von Aldehyden insbesondere Formaldehyd, vor, während oder nach der Eisengerbung einzelne dieser Mittel .oder auch mehrere nacheinander, oder gleichzeitig zur Einwirkung auf die Haut, oder das Leder gebracht werden können.

D. R. P. 377 536.

13. Magnesium.

Johannes Hell in Eßlingen, Württbg. Verfahren zum Gerben von Häuten und Fellen.

1. Verfahren zum Gerben von Häuten und Fellen, dadurch gekennzeichnet, daß der Hautsubstanz kohlensaure Verbindungen des Magnesiums in zur Erzielung der Gerbwirkung ausreichenden Mengen einverleibt werden, zweckmäßig derart, daß man lösliche Magnesiumsalze und lösliche kohlensaure Salze in Gegenwart von Wasser auf die Häute bezw. Felle einwirken läßt.

2. Verfahren nach Patentanspruch 1, dadurch gekennzeichnet, daß die löslichen Salze gleichzeitig zur Einwirkung gebracht werden.

3. Verfahren nach Patentanspruch 1 und 2 dadurch gekennzeichnet, daß man die Häute oder Felle vor, während oder nach der Einverleibung der kohlensauren Verbindungen des Magnesiums noch mit anderen im Gerbereibetrieb gebräuchlichen Mitteln, z. B. Formaldehyd, vegetabilischen und syn-

thetischen Gerbstoffen, Zelluloseextrakt, Metall- oder anderen Salzen, behandelt.

D. R. P. 365 310.

14. Mineral und Gerbstoff.

Dr. Josef Bystron in Elmshorn, Holst., und Dr. Karl Baron von Nietinghoff in Berlin. „Gerbverfahren."

Gerbverfahren durch Nachbehandeln mineralgegerbter Leder mit organischen Gerbstoffen, dadurch gekennzeichnet, daß die Nachbehandlung in drei Stadien stattfindet, indem man die mineralgaren Leder in eine Brühe von organischen Gerbstoffen unter Abstumpfen der hierbei frei verwendeten Säure bis zur dauernden Neutralisation einlegt, hierauf die so vorbehandelten Leder mit Lösungen von Salzen der organischen Gerbstoffe fullt und schließlich die hierbei aufgenommenen Stoffe in dem Leder durch entsprechende Mengen von mineralischen Gerbstoffen umsetzt und fällt.

D. R. P. 353 131.

15. Neutralisieren von Mineralleder.

Dr. Otto Röhm in Darmstadt. „Verfahren zum Neutralisieren von mineralisch gegerbten Ledern."

Abänderung des durch Patent 352 285 und Zusatzpatent 353 130 geschutzten Verfahrens, darin bestehend, daß man an Stelle von Chromleder hier Eisen- oder Alaunleder mit Alkali- oder Erdalkalikarbonaten unter Mitbenutzung von Formaldehyd oder niederen fettsauren oder oxyfettsauren Salzen der Alkalien oder Erdalkalien oder solchen anderer schwacher anorganischen Säuren als der Kohlensäure neutralisiert.

D. R. P. 353 130.

16. Neutralisieren.

Dr. Otto Röhm in Darmstadt. „Verfahren zum Neutralisieren von Chromleder."

Abänderung des durch Patent 352 285 geschützten Verfahrens zum Neutralisieren von Chromleder mit Soda oder anderen kohlensauren Salzen der Alkalien oder alkalischen Erden, dadurch gekennzeichnet, daß man an Stelle von niederen fettsauren oder oxyfettsauren Salzen der Alkalien oder Erdalkalien solche anderer schwacher anorganischen Säuren als der Kohlensäure mitverwendet.

D. R. P. 352 285.

17. Neutralisieren.

Dr. Otto Röhm in Darmstadt. „Verfahren zum Neutralisieren von Chromleder."

Verfahren zum Neutralisieren von Chromleder mit Soda oder anderen kohlensauren Salzen der Alkalien oder alkalischen Erden, gekennzeichnet durch die gleichzeitige Mitbenutzung von Formaldehyd oder niederen fettsauren oder oxyfettsauren Salzen der Alkalien oder alkalischen Erden.

D. R. P. 350 326.

18. Metalle, Ameisensäure.

Chemische Fabriken Worms Akt.-Ges. in Frankfurt a. Main. „Verfahren zum Gerben tierischer Haute."

Verfahren zum Gerben tierischer Häute nach Patent 349 036, darin bestehend, daß an Stelle der reinen Formiate gemischte Salze der Schwermetalle mit Ausnahme des Chroms und Aluminiums verwendet werden, deren Säurerest nur teilweise aus Ameisensaure besteht.

D. R. P. 349 363.

19.

Chemische Fabriken vorm. Weiler-ter Mer in Uerdingen, Niederrhein. „Gerbverfahren."

Weitere Ausbildung des Gerbverfahrens nach Patent 334 004, darin bestehend, daß man die Gerbung mit Salzen des dreiwertigen Eisens in ameisensaurer Lösung mit oder ohne Zusatz anderer gerbender oder die Gerbung befördernder Stoffe ausführt.

D. R. P. 349 335.

20. Anhang von 338 477.

Dr. Otto Röhm, Darmstadt. „Verfahren zur Herstellung von Eisenleder".

Verfahren zur Herstellung von Eisenleder gemäß Hauptpatent 338 477 dadurch gekennzeichnet, daß sich an die dortige Behandlung der Blößen mit Sulfiden oder Polysulfiden noch ein Oxydationsprozeß durch Lagern des feuchten Leders an der Luft oder durch Einwirkung anderer Oxydationsmittel unmittelbar anschließt.

D. R. P. 349 036.

21. Ferriformiat.

Chemische Fabrik Worms Akt. Ges. Frankfurt a. M. „Verfahren zum Gerben tierischer Häute".

Verfahren zum Gerben tierischer Häute, gekennzeichnet durch die Verwendung neutraler oder basischer Formiate der Schwermetalle mit Ausnahme des Chroms und des Aluminiums.

D. R. P. 342 096.

22. Ferri.

Dr. Otto Röhm in Darmstadt. „Verfahren zum Gerben mit Eisensalzen."

1. Verfahren zum Gerben mit Eisensalzen gemäß Patent 338 477, dadurch gekennzeichnet, daß die Aldehydgerbung erst nach der Metallsalzgerbung stattfindet und zwar entweder gleichzeitig oder nach der Behandlung des Leders mit neutralisierenden Stoffen.

2. Verfahren nach Anspruch 1 oder nach dem Hauptpatent 338 477, dadurch gekennzeichnet, daß man außer Eisensalzen noch andere Metallsalze anwendet.

D. R. P. 341 832.

23. Aluminium.

Dr. Otto Röhm Darmstadt. „Verfahren zum Gerben mit Aluminiumsalzen."

1. Verfahren zum Gerben mit Aluminiumsalzen, dadurch gekennzeichnet, daß man der Gerbbruhe ein Salz der niederen Fettsäuren, insbesondere Formiate oder Azetate der Alkalien oder Erdalkalien zusetzt.

2. Verfahren zum Gerben mit Aluminiumsalzen, dadurch gekennzeichnet, daß man das aus der Gerbbruhe kommende feuchte, alaungare Leder mit einer Lösung, der im Anspruch 1 genannten Salze behandelt.

3. Verfahren zum Gerben mit Aluminiumsalzen, dadurch gekennzeichnet, daß man dem zum Auswaschen des alaun-

garen Leders nach dem Trocknen dienenden Broschierwasser eines der in Anspruch 1 genannten Salze zusetzt.

D. R. P. 341 161.

24. Pflanzlich sämisch.

Felix M. Thompson in Nowawes b. Potsdam. „Verfahren zur Herstellung eines Sämischleder-Ersatzes."

Verfahren zur Herstellung eines Sämischleder-Ersatzes insbesondere aus Kleintierfellen, dadurch gekennzeichnet, daß die Felle rein pflanzlich fertig gegerbt und dann nach entsprechender Zubereitung mit Tran oder Fett eingerieben, hierauf in bekannter Weise geschliffen und weichgemacht und schließlich in Wasser unter Zusatz von Sumach gewalkt werden.

D. R. P. 339 418.

25. Magnesium mit Mineral.

Chemische Fabriken vorm. Weiler-ter Meer in Uerdingen, Niederrhein. „Verfahren zum Gerben mit mineralischen Gerbstoffen."

Verfahren zum Gerben mit mineralischen Gerbstoffen, darin bestehend, daß man sauer reagierenden, mineralischen Gerbbrühen sogleich oder im Verlaufe der Gerbung zur Abstumpfung der Säure basische, im Wasser unlösliche oder schwer lösliche Magnesiumverbindungen zusetzt.

D. R. P. 339 028.

26. Ferrosalze.

Walter Moos in Stuttgart und Demetrius Kutsis in Elmshorn, Holstein. „Verfahren zur Herstellung von biegsamem, lagerbeständigem Eisenleder."

Verfahren zur Herstellung von biegsamen, lagerbeständigen Eisenledern dadurch gekennzeichnet, daß man die Gerbung der Blößen mit normalen Eisenoxydulsalzen unter Zusatz von Zelluloseextrakt und Alkalinitrit durchführt.

D. R. P. 338 477.

27. Ferrisalze.

Dr. Otto Röhm in Darmstadt. „Verfahren zur Herstellung von Eisenleder."

1. Verfahren zur Herstellung von Eisenleder, dadurch gekennzeichnet, daß man mit basischem Eisenchlorid und vor-

her oder gleichzeitig auch mit Aldehyd, vorzugsweise Formaldehyd, gerbt.

2. Verfahren zur Herstellung von Eisenleder, gekennzeichnet durch die Kombination der Eisen-Aldehydgerbung gemäß Anspruch 1, mit einer Behandlung der Blößen mit eisenfällenden Stoffen, wie Ammoniak, Alkalien, alkalischen Salzen oder Phenolen, Naphtolen, organischen Karbonsäuren, vegetabilischen Gerbstoffen oder Seifen, Sulfiden, Polysulfiden und dergl.

D. R. P. 306 015.

28. Mineral.

Emil Kanet in Agram. „Verfahren zum Gerben von Häuten mit hydrolytisch gespaltenen Gerblösungen, die in der Wärme basische Salze, Hydrooxyde oder Oxyde ausscheiden."

1. Verfahren zum Gerben von Häuten mit hydrolytisch gespaltenen Gerblösungen, die in der Wärme basische Salze, Hydrooxyde oder Oxyde ausscheiden, dadurch gekennzeichnet, daß man mit basischen, bei gewöhnlicher Temperatur veränderlichen Lösungen bei erniedrigter Temperatur gerbt.

2. Ausführungsform des Verfahrens nach Anspruch 1, dadurch gekennzeichnet, daß man bei relativ niedriger Temperatur die Haut eine solche Lösung, die mehr oder weniger vollkommen oder gar nicht gerbt, aufsaugen läßt und nachher erwärmt.

D. R. P. 271 585.

29. Chrom.

Dr. Friedrich Hirsch in Wien. „Verfahren der Chromgerbung."

Verfahren der Chromgerbung dadurch gekennzeichnet, daß behufs Reduktion der Chromsäure Lösungen von Tonerdebisulfit oder von Zinkbisulfit, eventuell Gemengen beider ohne jeden weiteren Säurezusatz verwendet werden, wobei die Verlangsamung der Reduktion durch Zusätze von Säuren oder Bilsulfiten der Erdalkalien bezw. Alkalien mit Säuren nach Belieben eingeschränkt wird.

D. R. P. 274 549.

30. Chrom.

Dr. Friedrich Hirsch in Wien „Verfahren der Chromgerbung."

Verfahren der Chromgerbung gemäß Patent 271 585, dadurch gekennzeichnet, daß zur Reduktion der Chromsäure oder deren Salze, anstatt dem im Hauptpatente verwendeten Tonerdebisulfit ein stöchiometrisches Gemenge von einfach oder doppelt schwefligsaurem Natron mit einem Tonerdesalz ohne Säurezusatz verwendet wird.

D. R. P. 255 326.

31. Ferro-Ferri.

Dr. Josef Bystron in Teschen, Österr.-Schles. und Dr. Karl Baron von Vietinghoff, Berlin. „Eisengerbverfahren."

Abänderung des Verfahrens nach Patent 255 324 und dem Zusatzpatent 255 325, dadurch gekennzeichnet, daß die Blößen zuerst mit dem eisenoxydhaltigen Oxydationsmittel gemeinsam mit einem neutralen Alkalisalz und nachher mit Ferrosalz behandelt werden.

D. R. P. 255 325.

32. Ferro-Ferri.

Dr. Josef Bystron in Teschen, Österr.-Schles. und Dr. Karl Baron von Vietinghoff in Berlin. „Verfahren zum Gerben von Häuten mit Eisensalzen."

Abänderung des Gerbverfahrens des Patentes 255 324, dadurch gekennzeichnet, daß als Oxydationsmittel zur Erzeugung eines stark basischen Ferrisalzes in einer mit Ferrosalzlösung getränkten Blöße Ferribichromat oder Ferrichlorat verwendet wird.

D. R. P. 255 324.

33. Ferro-Ferri.

Dr. Josef Bystron in Teschen, Österr.-Schles. und Dr. Karl Baron von Vietinghoff, Berlin. „Verfahren zum Gerben von Häuten mit Eisensalzen."

Verfahren zum Gerben von Häuten mit Eisensalzen, dadurch gekennzeichnet, daß durch Verwendung von Ferrinitrat in einer mit Ferrosalz gesättigten Blöße ein stark basisches Ferrisalz erzeugt und mit der Blöße verbunden wird.

D. R. P. 255 323.

34. Ferri NO_2.

Dr. Josef Bystron in Teschen in Österr.-Schles. und Dr. Karl Baron von Vietinghoff, Berlin. „Eisengerbverfahren."

Ausführungsform des Verfahrens nach Patent 255 320 sowie den beiden Zusatzpatenten 255 321 und 255 322, dadurch gekennzeichnet, daß die Regenerierung der Stickoxyde mit Hilfe von Luft bereits in dem Gefäß erfolgt, in welchem die Oxydation vorgenommen wird.

D. R. P. 255 322.

35. Ferro Ferri.

Dr. Josef Bystron in Teschen Österr.-Schles. und Dr. Karl Baron von Vietinghoff, Berlin. „Eisengerbverfahren."

Abänderung des Verfahrens nach Patent 255 320 sowie dem Zusatzpatent 255 321, dadurch gekennzeichnet, daß zunächst die Herstellung der Gerblösung und dann die Gerbung erfolgt.

D. R. P. 255 321.

36. Ferro Ferri.

Dr. Josef Bystron in Teschen, Österr. Schles. und Dr. Karl Baron von Vietinghoff, Berlin. „Eisengerbverfahren."

Abänderung des Verfahrens nach Patent 255 320, dadurch gekennzeichnet, daß zur Oxydation der Ferrosalzlösung salpetrige Säure verwendet wird, die in dem Gerbbad selbst durch Zersetzen von Nitriten erzeugt wird.

D. R. P. 255 320.

37. Ferro NO_2.

Dr. Josef Bystron in Teschen, Österr.-Schles., und Dr. Karl Baron von Vietinghoff in Berlin. „Eisengerbverfahren."

Eisengerbverfahren, dadurch gekennzeichnet, daß in eine mit Blöße beschickte Ferrosalzlösung Stickstoffdioxyd oder ein Gemisch von Dioxyd und Monoxyd eingeführt wird zur Erzeugung eines basischen Ferrisalzes in der Blöße, wobei das Stickstoffdioxyd in bekannter Weise regeneriert werden kann.

D. R. P. 254 101.

38. Alkohol.

Chemisch technologische Studiengesellschaft G. m. b. H. Hersfeld in Hersfeld, Hessen-Nassau. „Gerbverfahren."

Gerbverfahren nach Patent 253 171, dadurch gekennzeichnet, daß man die Trocknung der mit der wasserverdrängenden Flüssigkeit getränkten Hautblößen durch Vakuumdestillation vornimmt.

ORDNUNG DER PATENTE NACH DEN GERBEMITTELN.

Eisenoxydulsalzen.

Deutsches	Reichspatent	314 885	Nr. 6	
,,	,,	379 698	,, 11	
,,	,,	378 450	,, 12	
,,	,,	353 131	,, 15	
,,	,,	350 326	,, 18	
,,	,,	349 335	,, 20	Anhang zu 338 477
,,	,,	342 096	,, 15	,, ,, 338 477
,,	,,	339 481	,, 18	
,,	,,	339 088	,, 19	
,,	,,	255 326	,, 31	
,,	,,	255 325	,, 32	
,,	,,	255 324	,, 33	
,,	,,	255 323	,, 34	
,,	,,	255 322	,, 35	
,,	,,	255 321	,, 36	
,,	,,	255 320	,, 37	
,,	,,	254 101	,, 38	

Gerbung mit Eisenoxydsalzen.

Deutsches	Reichspatent	334 001	Nr. 1	
,,	,,	319 859	,, 5	
,,	,,	314 487	,, 7	
,,	,,	319 705	,, 8	
,,	,,	349 363	,, 19	
,,	,,	349 335	,, 20	Anhang zu 338 477
,,	,,	349 036	,, 21	
,,	,,	342 096	,, 22	
,,	,,	338 477	,, 27	
,,	,,	379 698	,, 11	
,,	,,	378 450	,, 12	
,,	,,	353 131	,, 15	Anhang zu 352 285 u. 353 130
,,	,,	350 326	,, 18	,, ,, 349 036
,,	,,	255 324	,, 33	
,,	,,	255 323	,, 34	,, ,, 255 320
,,	,,	255 322	,, 35	
,,	,,	255 321	,, 36	,, ,, 255 320
,,	,,	255 320	,, 37	

Gerbung mit Aluminium.

Deutsches	Reichspatent	341 832	Nr. 23
„	„	383 477	„ 10
„	„	330 858	„ 2

Gerbung mit Magnesium.

Deutsches	Reichspatent	377 536	Nr. 13

Gerbung mit Chromsalzen.

Deutsches	Reichspatent	383 369	Nr. 9a u. b
„	„	353 131	„ 16
„	„	352 285	„ 17
„	„	339 418	„ 25
„	„	306 015	„ 28
„	„	271 585	„ 29
„	„	271 585	„ 29
„	„	274 549	„ 30
„	„	254 101	„ 38

Gerbung mit verschiedenen Gerbemitteln.

Kieselsaure Salze.

Deutsches Reichspatent 322 166 Nr. 4

Cellulose Ablauge.

Deutsches Reichspatent 328 240 Nr. 3

Mineralstoffe und Gerbestoffe.

Deutsches Reichspatent 365 310 Nr. 14

Pflanzliche und Fettgerbestoffe.

Deutsches Reichspatent 341 161 Nr. 24

Alkohol.

Deutsches Reichspatent Nr. 38

Laufende Deutsche Reichspatente über Ledergerbung Nr. 1—38.

LITERATUR.

A b t , Georges: Mikroskopische Untersuchung der Haut und des Leders. 1914.

— Desinfizierung der milzbrandigen Häute. 1914.

A d l e r , Dr. Fritz: Die Entwickelung des deutschen H ä u t e m a r k t e s. Verlag G. Braun, Karlsruhe 1913.

A k t. - G e s. für Anilinfabrikation, Berlin SO 36: Die Farbstoffe für Leder. 1920 (nicht im Buchhandel). Verlag Bernh. Friedr. Voigt, Leipzig 1920.

A n d é s , L. E.: Die Fabrikation der Stiefelwichse und Lederkonservierungsmittel. 1920.

— Moderne Schuhcremes und Lederputzmittel. 2. Auflage 1919.

A n d r e i s , Ettore: La concia nel 19. secolo.

— Studio delle pelle conciate. 1900.

— Studio sulle pelli conciate all Exposizione generale Italiana di Torino. 1908.

— La concia al cromo. Vol. I. 1907.

A p p e l i u s , Willy: Die Bewertung kaltlöslicher Q u e b r a c h o extrakte. Berlin SW 11.

— Über Beizen. Berlin SW 11. 1909.

A r m a n d , Marius: La Tannerie de la peau de Mouton. 1913.

B a u t s c h , Ignaz: Ausführliche Beschreibung der Lohgerberei. Dresden 1796.

B e l l e r , N.: Praktisches Handbuch der Glacélederfärberei. Leipzig 1886.

B e n n e t t , H. G.: The manufacture of Leather. 1909.

B i b l i o t h e k d e s G e r b e r s: Herausgegeben von E. Stickelberger u. Co. in Basel und Haltingen. Berlin, Springer 1915.

B o r g m a n n (Krahner, Friedenthal): Die Lederfabrikation. I. Die Unterlederfabrikation. 2. Auflage von Prof. Dr. H. Friedenthal. Verlag von M. Krayn. 1923.

— (Krahner): Die Lederfabrikation. II. Die Oberlederfabrikation. 2. Auflage von Prof. Dr. H. Friedenthal. Verlag von M. Krayn, Berlin 1923.

— (Prof. Dr. H. Friedenthla): Die Lederfabrikation. III. Die Feinlederfabrikation. 2. Auflage, Verlag von M. Krayn, Berlin 1923.

— (Krahner): Die Chromgerbung 2. Auflage. Verlag von M. Krayn, Berlin 1923.

B o t t l e r , Max: Die Lederfärberei und die Fabrikation des Lackleder. Handbuch, Leipzig 1921. (Chem.-Techn. Bibl. 82.)

C a s a b u r i , Vittorio: Concia e tinctura della Pelli. 2 Edit. 1921.

C h a r l e s , E. und I. Gordan P e r k e r: Tanner's Year Book. 1910—1920

D a v i s , C T.: Manufacture of Leather. 1897.

F a h r i o n , Wilh.: Fettstoffe des Gerbers. 1918.

— Neuere Gerbmethoden und Gerbetheorien. Verlag Friedr. Vieweg u. Sohn, Braunschweig 1915.

Fischer, Emil: Untersuchungen über Depside und Gerbstoffe. 1919.
Flemming, L. A.: Practical Tanning. 1910.
Frankberger: Antike und früh mittelalterliche Fußbekleidungen aus Achmim-Panopolis. Düsseldorf 1913.
Friedenthal, Hans (Borgmann, Krahner): Die Lederfabrikation. I. Die Unterlederfabrikation. II. Auflage von Prof. Dr. H. Friedenthal. Verlag von M. Krayn, Berlin 1923.
— Die Lederfabrikation. II. Die Oberlederfabrikation, Verlag von M. Krayn, Berlin 1923.
— Die Lederfabrikation. III. Die Feinlederfabrikation. 2. Auflage. Verlag von M. Krayn, Berlin 1923.
Gansser, Jettmar: Taschenbuch des Gerbers. Verlag von Bernh. Friedr. Voigt, Leipzig 1920.
Ganswindt, Dr. A.: Die Gerb- und Farbstoffextrakte. 1918.
Golodetz, L. und P. S. Unna: Die Bedeutung des Sauerstoffes in der Färberei. Verlag von Leopold Voss 1912. Leipzig und Hamburg.
Grasser, Georg: Synthetische Gerbstoffe. Berlin (Meußer) 1920.
— Handbuch für Gerberei chemischer Laboratorien. 1914.
Handschuh: Berlin 1914. R. u. P. Schäfer.
Hanisch, Dr. H.: Deutschlands Lederproduktion und Lederhandel (geschäftl. f. d. gesamte Staatswissenschaft. Erg.-Heft XVI) G. Laupp, Tübingen 1905.
Harvey, Arthur: Practical Leather Chemistry. A Handbook of laboratory notes and methods for the use of students and works chemists. London, C. Lockwood 1920.
Jettmar: Börtechnika
— S.: Handbuch der Chromgerbung.
— J.: Praxis und Theorie der Ledererzeugung. Verlag von Springer, Berlin.
— Josef: Die Lederhandschuhfabrikation. Verlag von B. F. Voigt, Leipzig 1915.
— -Gansser: Taschenbuch des Gerbers, 2. Auflage. Verlag von Bernh. Friedr. Voigt Leipzig 1920.
— Josef: Die Eisengerbung. Verlag von B. F. Voigt, Leipzig 1920.
— Moderne Gerbmethoden. 2. Auflage. A. Hartlebens Verlag 1921. Wien und Leipzig.
— Das Färben des lohgaren Leders. 2. Auflage. Verlag von B. F. Voigt, Leipzig 1922.
Ihm, Karl u. Felix Frohnknecht: Leder für Bucheinbände und seine Haltbarkeit. Stuttgart 1911.
Kaul, A.: Dreimonatlicher Geschäfts- und Fabrikationsgang einer Lederfabrik. 2. Auflage 1916.
— Zur Buchführung in der Lederfabrik. 2. Auflage 1918.
— Einfachste Ermittlung der Selbstkosten in der Lederfabrik. 3. Auflage 1920.
— Tabellen zur Kalkulation in der Lederfabrik. 3. Auflage 1920.
— Betriebsbuchführung für Lederfabriken. 3. Auflage 1920.
Klenner, Samuel: Der reisende Gerbergeselle oder Reisebeschreibung eines Weißgerbergesellen. Liegnitz 1751.
Kohl, Ferdinand: Luxuslederfabrikation. Berlin 1921.
Koperky, F.: Ostindische Kipse. 1916.

Koperky-Kubelka: Kozeluzstoi. 1920.

Krahner (Borgmann, Friedenthal): Die Lederfabrikation. 1. Die Unterlederfabrikation. 2. Auflage von Prof. H. Friedenthal. Verlag von M. Krayn. Berlin 1923.

— Die Lederfabrikation. II. Die Oberlederfabrikation. 2. Auflage von Prof. H. Friedenthal. Verlag von M. Krayn. Berlin 1923.

Krönlein, H.: Die Lederfabrikation. Handbuch f. d. Praxis. 3. Auflage (Bibl. d. ges. Technik 143) Dr. Max Jänecke, Leipzig 1924.

Kubelka, V.: Die Ablaugen der Zellulosefabriken und ihre Verarbeitung zu Gerbextrakten. 1918.

Lamb, M. C.: Leather Dressing. 1907.

— übersetzt von L. Jablonski: Lederfärberei und Zurichtung, Berlin 1912.

de la Lande: Die Kunst des Weißgerbers, welcher die Gemsen und andere Felle mit Öl zubereitet. Übersetzt von J. H. G. von Justi. Mit 4 Tafeln. Ihrnigsberg 1765. 4°.

Laufmann, K.: Die Fortschritte in der Gerberei im Jahre 1916 u. 1917.

— Die Bedeutung des Milzbrandes in der Lederindustrie. 1918.

Ledertreibriemen: Ihre Fabrikation, Prüfung und Behandlung. Berlin, Verlag Union 1911. 2. Aufgabe 1921.

Link, Adolf: Die erzeugende Lederindustrie. Verlag B. Mohr, Tübingen 1914.

Mahler: Die internationalen Verbindungen der Lederarbeiter (Gerber und Handschuhmacher). Entstehung und Entwicklung von 1892—1921 hierzu v. d. Internat. Union f. Lederarbeiter. Vorwort v. H. Mahler, Berlin 1921.

Marion, Ernst: Rapport sur la sellerie et la bourelle (Paris 1880.)

Matthesius, N. (H. Zeidler): Die moderne Lederfabrikation. Verlag von Bernh. Friedr. Voigt, Leipzig 1922.

Merrier, Ernest: Rapport sur les cuirs et peaux. (Paris 1880.)

Meurier, L.: La Tannerie. Etude, préparation et essai des matiéres premiéres 1903—1917

Ostwald, Wilhelm: Farbenatlas. 1919

Päßler, Joh.: Die Knoppern und sonstige Gallen. Berlin 1919.

— Sechs Hefte über Untersuchung von Gerbmaterialien, Wasser, Gerbebruten, Fetten und lohgarem Leder. 1913—1920.

Prokter, H.: A Text Book of Tanning. London, E. F. N. Spon 1885.

— Cantor Lectures on Leather Manufacture. (Society of Arls 1899.)

— mit B. W. Griffith: The absorption of basic chrom salts by skin. Journ. soc. chem. Ind. 1900, p. 223.

— mit A. Turnbull: Note on the use of copper sulphate in the Kjeldahl prozess. Journ soc. chem. Ind. 1900, p. 130.

— On leather Dying. Journ. soc. chem. Ind. p. 23.

— The principles of Leather Manufacture. 1903.

— Leather Industries Laboratory Book of Analytical und Experimental Mettods II 1908.

— Taschenbuch für Gerbereichemiker und Lederfabrikanten. 1914.

— mit E. F. Hamer: Absorption of chromic avid by skin from solutions of potassium bichromate.

— The manufacture of leather. I. Soc. of Acts. Bd. 47, p. 827.

Robert, Prof. Dr. Rud.: Beiträge zur Geschichte des Gerbens und der Adstringentien. Leipzig 1917. Vortrag 19 Abb.

Reil, Theodor: Beiträge zur Kenntnis des Gerbers im hellenistischen Ägypten. Diss. Leipzig 1913.

Schmidt, J. und Jettmer, J.: Gerbereitechnisches Auskunftsbuch für die gesamte Lederindustrie. 2. Ausgabe. Durlach-Selbstverlag 1917.

Schmidt, E., Nobel: Praktische Anleitung zum Ledern der Kaninchenfelle. 1918.

Schmölln: Register der Einnahmen und Ausgaben der Lohgerberzunft von Schmölln. 1594—1634. Karl W. Hiesemann, Leipzig.

von Schröder: Gerbereichemie.

Stephan, P.: Treibriemen und Riementriebe. 1920.

Steyer, Robert: Die verschiedenen Gerbverfahren und Gerbereirezepte für Loh-, Chrom- und Weißgerberei. Berlin Frankfurt a. M. 1904.

Stikelberger, Emanuel: Versuch einer Geschichte der Gerberei. Berlin, Springer 1915.

Bibliothek des Gerbers. Bd. 4. Weitere Bände fehlen.

Trotmann, S. R.: Leather Trades Chemistry. 1908.

Unna, P. G. und Golodetz, L.: Die Bedeutung des Sauerstoffes in der Färberei. Verlag von Leopold Voss, Leipzig und Hamburg 1912.

Villon, A. M.: Practical Treatise on the Leather Industry. 1901.

Watt, A.: Leather Manufacture. 1906.

Wenzel, Franz: Wie jedermann an dem Kaninchenfell durch zweckmäßige Zurichtung den größten Gewinn erzielt. 1917.

Werner-Gera, Hans. Das Färben der Rauchwaren. Verlag Bernh. Friedr. Voigt, Leipzig.

— Die Kürschnerkunst. Verlag Bernh. Friedr. Voigt, Leipzig.

Wiener, Ferdinand: Die Lohgerberei. Wien und Leipzig 1877. II. Auflage. 1920.

— Die Weißgerberei, Sämischgerberei und Pergamentfabrikation. III. Auflage. 1920.

— Die Lederfärberei und die Fabrikation des Lackleders. 2. Auflage. 1921.

Wire, E. G.: Leather Treservation. Worcester 1911.

Wirninghaus: Die Lage der Lohgerberei in der Stadt Köln. (Schriften des Vereins für Sozialpolitik, Bd. 65.)

Wood, I. T., Das Entkälken und Beizen der Fétte und Häute. Deutsch von Jettmar. Braunschweig 1914.

Zeidler, Hermann (A. Matthesius, 2. Auflage): Die moderne Lederfabrikation. Verlag von Bernh. Friedr. Voigt, Leipzig 1922.

Fachzeitschriften für Gerbereiinteressen

Chem. Industrie und Handel (russ. Sprache). Herausgegeben von der Auslandabteilung des wissenschaftlichen Departements des obersten Volkswirtschaftsrates der Sowjet-Republik, Rußlands.

Monatsschrift. Verlag M. Krayn, Berlin W., Genthinerstr.

Collegium (Preis 6 Dollar). Darmstadt Prof. Stiasny.

Zentralorgan des I. V. L. I. C. Internationaler Verein der Leder-Industrie-Chemiker.

Zentralorgan der internationalen I. S. K. F.

Zentralorgan der internationalen Vereinigung von Leder-Industrie-Sachkundigen, I. V. L. I. S.

Organ der deutschen Sektion des I. V. L I. C. Schriftleiter Prof. Dr. Stiasny, Tech. Hochschule, Darmstadt. 12 Hefte. Auslandspreis 5 Dollar.

Erfolg. Offerten-Zeitung (Große) für alle Sattler, Seiler, Lederfabrikanten usw. Redaktion Fritz Stock, Berlin, Lankwitz. Gr. 4⁰. 24 Hefte.

Der Gerber. Organ der chem. und techn. Versuchs- und Lehranstalt. Wien 1919. 35 Bde.

Der Gerber. Fachblatt für alle Zweige der Lederindustrie, 24 mal im Jahre. Teplitz-Schönau. Verlag Techn. Zeitschriften, Clarystr. 4. Jahrg. 49. 1923. Wollzeile 11. Hermann Goldschmiedt, Wien 1.

Gerber-Kourier, Wien.

Deutsche Gerberzeitung, siehe unter Die Lederindustrie. Berlin SW 16.

Gerberei-Technik, Halbmonatsschrift für Theorie und Praxis im Gerberbetrieb. Schriftleiter: Dr. F. Abraham. Berlin, Häute und Lederverlagsgesellschaft, 1913. Jahrg. 1.

Häute und Leder vereinigt mit dem Lederhandel. Verlag Carl Schmalfeldt, G. m. b. H., Berlin SW. 48, Friedrichstr. 225, seit 1858 bestehend. 300 Nummern jährlich.

Hide and Leather. The international Weekly. Chikago 136 W. Lakstreet. Preis 7 Dollar pro Jahr. Verlag Jacobsen. Publishing Company.

Internationale Berufsstatistik der Lederarbeiter. Berlin, Beißwanger 1899 (128 D.).

Internationale Lederbörse, Zeitschrift des Zentralverbandes der Lederhändler Deutschlands. Jahrg. 1908. (Seit Dezember 1908 mit Schuh und Leder vereinigt.)

Leather. Technical, practical and commercial. Editor, H. G. Groche and M. C. Lamb, London. 4⁰.

Der Lederarbeiter, Organ des Generalvereins der deutschen Schuhmacher. Berlin 1888.

Lederarbeiter-Zeitung. Verband der Lederarbeiter. Verlag, Fr Gilek, Berlin SO 33, Muskauerstr 30. 52 Nummern Fol.

Lederarbeiter-Zeitung. Organ des Verbandes aller in der Leder- und Lederhandschuhindustrie beschäftigten Arbeiter. Berlin 2⁰. Jahrg. 21, 1923.

Zu den Verhandlungen betreffend die Einrichtung eines Leder-Forschungs-Instituts, Mühlheim a. d. R. 1921 (12 S.).

Ledergewerblicher Anzeiger. Berlin. 2⁰. Jahrg. 62. 1922.

Der Leder-Herold. Jahr- und Handbuch für die gesamte Lederindustrie. Bearbeitet von Dr. Aug. Pflug. Berlin und Frankfurt a. M. 1897.

Allgemeine Lederindustrie. 52 mal. Siehe Goldschmidt. Wien 1, Wollzeile 11.

Die Lederindustrie mit der Beilage Ledertechnische Rundschau (vorher unter dem Titel [Günthers] Deutsche Gerberzeitung). Berlin, F. A. Günther und Sohn, A.-G., Berlin SW. 11. Schriftl.: Oskar Krahner, Berlin-Steglitz Jahrg. 33. 1890.

De Nederlandsche Leder-Industrie. Uitgave der Uitgevers Maatchappy C. Misset Doetinchen. (Jeden Dienstag erscheinend. Preis 25 cent.)

Der Ledermarkt. Tageszeitung für das gesamte Ledergewerbe. Jahrg. 34. 1912. Redaktion Martin Wormser, Frankfurt a. M. Verlag Dreyfuß und Wormser, Frankfurt a. M., Neue Mainzerstr. 20.

Ledertechnische Rundschau. R. A. Achenbach, Berlin-Friedenau. Verlag Günther u. Sohn A.-G., Berlin SW. 11, Schönebergerstr. 9/10. Jährlich 26 Hefte. Preis 60 Mk. Lex. 8°.

Die Deutsche Ledertreibriemenindustrie erscheint 12 mal jährlich. Verlag der Union deutsche Verlagsgesellschaft, Berlin SW. 19, Krausenstr. 35. Redaktion Kurt Maier.

Der Lederwarenhändler, Sattler und Täschner, früher Zentralblatt für Wagenbau, Sattlerei und Tapeziererei. Redaktion Kurt Sachisthal, Berlin-Lichterfelde, Schillerstr. 22. Verlag: Gundlach A.-G., Bielefeld. 24 Nummern. 4°.

Die Lederwelt. Organ des Verbandes deutscher Ledergroßhändler. Seit 1916 Berlin. 4°. Redaktion Robert Loewnich, Berlin. Verlag F. A. Günther u. Sohn A.-G., Berlin SW. 11 1924. 8. Jahrg.

Lederzeitung und Berliner Berichte. Redaktion Karl Bruck. Verlag: Steffan Schmitz, G. m. b. H., Berlin C. 2, Klosterstr. 41. 300 Nummern jährlich. 4°.

Mitteilungen des Verbandes der Ledertreibriemenfabrikanten Deutschlands. Jetzt: siehe die Deutsche Ledertreibriemenindustrie.

Report on the Committee on Leather for Boockbinding, with 4 app. London 1901. 20 S.

Dass. Ed. by Cobham and H. T. Wood (New ed). London 1905. 120 S.

Deutsche Sattler-Zeitung. Verlag Berlin, Berg u. Schoch SO. 16, Wusterhauserstr. 17. 26 mal jährlich.

Schuh und Leder. Jahrg. 1—2. Zeitung für Lederfabrikation. 3—39 Gerberzeitung.

Der deutsche Tapezierer und Sattlermeister. Verlag von Greiner u. Pfeiffer, Stuttgart. Herausgeber: Leonhard Heildörn, Stuttgart. Jährlich 36 Hefte. 19. Jahrg. 1923.

Zeitschriftenadreßbuch von Sperling. Leipzig: Börsenverein der deutschen Buchhändler. Mit Zeitschriften über Gerbung. 1923. 15. Aufl.

Zeitschrift für den Lederhandel. Organ der Verbände deutscher Lederdetailgeschäfte. Berlin. Jahrg. 60. 1907.

Zeitschrift für Leder- und Gerbereichemie. Redaktion: Dr. W. Möller, Altona, Bahrenfeldt Flottbeckerchaussee 242. Herausgeber: Dr. W. Möller, Schlüterstr. 18. Hamburg, Verlag: Otto Meissner, Hermannstr. 44. 12 mal jährlich. Preis 5,25 Mk., für das Ausland 6 Dollar.

Zentralanzeiger und Fachzeitung für Deutschlands Lederindustrie und Handel. (52 mal jährlich.) Redaktion Fritz Fraedrich, Neudamm, Friedensstr. Verlag: J. Neumann, Neudamm. Fol. 52 Nummern. Preis 24 Mk.

Vergleichung der Thermometergrade nach Celsius mit denen nach Reaumur und Fahrenheit.

Umwandlungsformeln: $t^0\,C = \frac{4}{5}\,t^0\,R = \frac{9}{5}\,t + 32^0\,F,$

$t^0\,R = \frac{5}{4}\,t^0\,C = \frac{9}{4}\,t + 32^0\,F,$

$t^0\,F = \frac{5}{9}\,(t - 32^0)\,C = \frac{4}{9}\,(t - 32^0)\,R.$

Celsius	Réau-mur	Fahren-heit	Celsius	Réau-mur	Fahren-heit	Celsius	Réau-mur	Fahren-heit
+ 100	+ 80	+ 212	69	55,2	156,2	38	30,4	100,4
99	79,2	210,2	68	54,4	154,4	37	29,6	98,6
98	78,4	208,4	67	53,6	152,6	36	28,8	96,8
97	77,6	206,6	66	52,8	150,8	35	28	95
96	76,8	204,4	65	52	149	34	27,2	93,2
95	76	203	64	51,2	147,2	33	26,4	91,4
94	75,2	201,2	63	50,4	145,4	32	25,6	89,6
93	74,4	199,4	62	49,6	143,6	31	24,8	87,8
92	73,6	197,6	+ 61	+ 48,8	+ 141,8	30	24	86
91	72,8	195,8	+ 60	+ 140	+ 120	23,2	23,3	84,2
90	72	194	59	47,2	138,2	28	22,4	82,4
89	71,2	192,2	58	46,7	136,4	27	21,6	80,6
88	70,4	190,4	57	45,6	134,6	26	20,8	78,8
87	69,8	188,6	56	44,8	132,8	25	20	77
86	68,8	186,8	55	44	131	24	19,2	75,2
85	68	185	54	43,2	129,2	23	18,4	73,4
84	67,2	183,2	53	42,4	127,4	22	17,6	71,6
83	66,4	181,4	52	41,6	125,6	+ 21	+ 16,8	69,8
82	65,6	179,6	51	40,8	123,8	+ 20	+ 16	68
81	64,8	177,8	50	40	122	19	15,2	66,2
80	64	176	49	39,2	120,2	18	14,4	64,4
79	63,2	174,2	48	38,4	118,4	17	13,6	62,6
78	62,4	172,4	47	37,6	116,6	16	12,8	60,8
77	61,6	170,6	46	36,8	114,8	15	12	59
76	60,8	168,8	45	36	113	14	11,2	57,2
75	60	167	44	35,2	111,2	13	10,4	55,4
74	59,2	165,2	43	34,4	109,4	12	9,6	53,6
73	58,4	163,4	42	33,6	107,6	11	8,8	51,8
72	57,6	161,6	31	32,8	105,8	10	8	50
71	56,8	159,8	40	32	104	9	7,2	48,2
70	56	158	39	31,2	102,2	8	6,4	46,4
7	5,6	44,6	2	1,6	28,4	11	8,8	12,2
6	4,8	42,8	3	2,4	26,6	12	9,6	10,4
5	4	41	4	3,2	24,8	13	10,4	8,6
4	3,2	39,2	5	4	23	14	11,2	6,8
3	2,4	37,4	6	4,8	21,2	15	12	5
2	1,6	35,6	7	5,6	19,4	16	12,8	3,2
+ 1	+ 0,8	33,8	8	6,4	17,6	17	13,6	+ 1,4
0	0	32	9	7,2	15,8	18	14,4	− 0,4
− 1	0,8	30,2	10	8	14	− 19	15,2	− 2,2

Umrechnung von Lederpreisen.

Wenn 1 □ Fuß kostet Mk.	Kostet 1 □ Meter Mk.	Wenn 1 □ Fuß kostet Mk.	Kostet 1 □ Meter Mk.
0,50	5,38	1,25	13,46
0,60	16,46	1,26	13,56
0,65	7,00	1,27	13,17
0,70	7,53	1,28	13,78
0,71	7,64	1,29	13,89
0,72	7,75	1,30	13,99
0,73	7,86	1,31	14,10
0,74	7,97	1,32	14,21
0,75	8,07	1,33	14,32
0,76	8,18	1,34	14,42
0,77	8,29	1,35	14,53
0,78	8,40	1,36	14,64
0,79	8,50	1,37	14,75
0,81	8,61	1,38	14,85
0,81	8,72	1,39	14,96
0,82	8,83	1,40	15,07
0,83	8,93	1,41	15,18
0,84	9,04	1,42	15,24
0,94	10,12	1,43	15,39
0,99	10,66	1,44	15,50
1,04	11,19	1,45	15,61
1,05	11,30	1,46	15,72
1,06	11,41	1,47	15,82
1,07	11,52	1,48	15,93
1,08	11,13	1,49	16,04
1,09	11,73	1,50	16,15
1,10	11,84	1,51	16,25
1,11	11,95	1,52	16,36
1,12	12,06	1,53	16,47
1,13	12,16	1,54	16,58
1,14	12,27	1,55	16,68
1,15	12,38	1,56	16,79
1,16	12,49	1,57	16,90
1,47	12,59	1,58	17,01
1,18	12,70	1,59	17,12
1,90	12,81	1,60	17,22
1,20	12,92	1,61	17,33
1,21	13,02	1,62	17,44
1,22	13,13	1,63	17,55
1,23	13,24	1,64	17,65
1,24	13,35	1,65	17,76

Umrechnung von Graden.

Spezifisches Gewicht	Baumègrade	Twaddelgrade	Barkometergrade
1,0007	0,10	0,14	0,7
1,0014	0,20	0,28	1,4
1,0020	0,30	0,40	2,0
1,0027	0,40	0,54	2,7
1,0034	0,50	0,69	3,4
1,0041	0,60	0,82	4,1
1,0048	0,70	0,96	4,8
1,0055	0,80	1,10	5,5
1,0062	0,90	1,24	6,2
1,0069	1,00	1,38	6,9
1,0076	1,10	1,52	7,6
1,0082	1,20	1,64	8,2
1,0089	1,30	1,78	8,9
1,0096	1,40	1,92	9,6
1,0103	1,50	2,06	10,3
1,0110	1,60	2,20	11,0
1,0117	1,70	2,34	11,7
1,0124	1,80	2,48	12,4
1,0131	1,90	2,62	13,1
1,014	2,00	2,68	84,0
1,0173	2,50	3,46	8,3
1,022	3,00	4,4	22,2
1,0244	2,50	4,88	24,4
1,029	4,00	5,80	29,0
1,0316	4,50	6,32	31,6
1,037	5,00	7,4	37,0
1,0389	5,50	7,78	38,9
1,045	6,00	9,00	45,6
1,0463	6,50	9,26	46,3
1,052	7,00	10,4	52,0
1,0539	7,50	11,78	53,9
1,060	8,00	12,0	60,0
1,0615	8,50	12,3	61,5
1,067	9,00	13,4	67,0
1,069	9,50	13,8	69,2
1,075	10,00	15,0	75,0
1,083	11,00	16,6	83,0
1,091	12,00	18,2	91,0
1,100	13,00	20,0	100,0
1,108	14,00	21,6	108,0
1,116	15,00	23,2	116,0
1,125	16,00	25,0	125,0
1,134	17,00	26,8	134,0
1,142	18,00	28,4	142,0
1,152	19,00	30,4	152,0
1,162	20,00	32,4	162,0

Umrechnung von Graden

Spezifisches Gewicht	Baumè-grade	Twaddel-grade	Barkometer-grade
1171	21,00	34,2	171,0
1180	22,00	36,0	180,0
1190	23,00	38,0	190,0
1200	24,00	40,0	200,0
1210	25,00	42,0	—
1220	26,00	44,0	—
1231	27,00	46,2	—
1241	28,00	48,2	—
1252	29,00	50,4	—
1263	30,00	52,6	—
1274	31,00	54,8	—
1285	32,00	57,0	—
1297	33,00	59,4	—
1308	34,00	61,6	—
1320	35,00	64,0	—
1332	36,00	66,4	—
1345	37,00	69,0	—
1357	38,00	71,4	—
1370	39,00	74,0	—
1383	40,00	76,6	—
1397	41,00	79,4	—
1410	42,00	82,0	—
1424	43,00	84,8	—
1,438	44,00	87,6	—
1,453	45,00	90,6	—
1,468	46,00	93,6	—
1,483	47,00	96,6	—
1,498	48,00	99,6	—
1,514	49,00	102,8	—
1,530	50,00	106,0	—
1,546	51,00	109,2	—
1.563	52,00	—	112,6
1,580	53,00	—	116,0
1,597	54,00	—	119,4
1,615	55,00	—	123,0
1,634	56,00	—	126,8
1,652	57,00	—	130,4
1,671	58,00	—	134,2
1,691	59,00	—	138,2
1711	60,00	142,2	—
1732	61,00	146,4	—
1753	62,00	150,6	—
1774	63,00	154,8	—
1796	64,00	159,2	—
1819	65,00	163,8	—
1842	66,00	168,4	—

Umrechnung von Quadratfuß auf metrisches System.

1	Quadratfuß	rheinisch	= 0,0985	qm	oder	985	cm²
1	„	österreichisch	= 0,0999	„	„	999	„
1	„	württemberg.	= 0,0821	„	„	821	„
1	„	englisch	= 0,0929	„	„	929	„
1¼	„	„	= 0,1161	„	„	1161	„
1½	„	„	= 0,1393		„	1393	„
1¾	„	„	= 0,1625	„	„	1625	„
2	„	„	= 0,1856	„	„	1858	„
2¼	„	„	= 0,2090	„	„	2090	„
2½	„	„	= 0,2322	„	„	2322	„
2¾	„	„	= 0,2554	„	„	2554	„
3	„	„	= 0,2787	„	„	2787	„
3¼	„	„	= 0,3019	„	„	3019	„
3½	„	„	= 0,3251	„	„	3251	„
3¾	„	„	= 0,3483	„	„	3483	„
4	„	„	= 0,3716	„	„	3716	„
4¼	„	„	= 0,3946	„	„	3848	„
4½	„	„	= 0,4180	„	„	4180	„
4¾	„	„	= 0,4412	„	„	4412	„
5	„	„	= 0,4645	„	„	4645	„
5¼	„	„	= 0,4877	„	„	4877	„
5½	„	„	= 0,5109	„	„	5109	„
5¾	„	„	= 0,5341	„	„	5341	„
6	„	„	= 0,5574	„	„	5574	„
6¼	„	„	= 0,5806	„	„	5806	„
6½	„	„	= 0,6038	„	„	6038	„
6¾	„	„	= 0,6270	„	„	6270	„
7	„	„	= 0,6503	„	„	6503	„
7¼	„	„	= 0,6735	„	„	6735	„
7½	„	„	= 0,6967	„	„	6967	„
7¾	„	„	= 0,7199	„	„	7199	„
8	„	„	= 0,7432	„	„	7432	„
8¼	„	„	= 0,7664	„	„	7664	„
8½	„	„	= 0,7896	„	„	7896	„
8¾	„	„	= 0,8128	„	„	8128	„
9	„	„	= 0,8361	„	„	8361	„
9¼	„	„	= 0,8593	„	„	8593	„
9½	„	„	= 0,8825	„	„	8825	„
9¾	„	„	= 0,9057	„	„	9057	„
10	„	„	= 0,9290	„	„	9290	„

FSC
www.fsc.org
MIX
Papier | Fördert
gute Waldnutzung
FSC® C083411

Zeitfracht Medien GmbH
Ferdinand-Jühlke-Straße 7
99095 Erfurt, Deutschland
produktsicherheit@kolibri360.de